教育部 财政部职业院校教师素质提高计划

职教师资培养资源开发项目

《机械工程》专业职教师资培养资源开发（VTNE006）

机械工程专业职教师资培养系列教材

电气系统安装与调试

主　编　王士军　尚川川

副主编　许国刚　车志敬

科学出版社

北　京

内 容 简 介

本书是教育部、财政部机械工程专业职教师资本科培养资源开发项目（VTNE006）规划的主干核心课程教材之一。主要内容有：照明线路电气系统的安装与调试、三相异步电动机单向运行控制线路的安装与调试、动力头控制线路（具有降压启动、位置控制）的安装与调试、平面磨床和万能铣床电气维修与调试、可编程控制器控制指示灯顺序点亮的程序编制和调试、传送带 PLC 控制回路的安装与调试、传送带位置控制线路的安装与调试、三相交流异步电动机变频调速系统的安装与调试等。全书分为四个学习情境，按基础—简单—复杂—综合的内容结构体系构建，遵循项目引领任务驱动的行动导向教学理念和工作过程系统化的课程开发理念，应用引导文教学法的形式编写。所选知识点和能力目标具有典型代表性，把知识点融入电气系统安装与调试的实际工作中，并对知识点、能力目标和教学法进行了比较强的逻辑归纳、总结和迁移，对提高中等职业学校机械工程类专业教师岗位的职业能力、专业能力和教学能力具有举一反三、触类旁通的作用。

本书主要作为机械工程专业职教师资本科培养的课程教材，也可作为从事电气系统安装与调试工作的工程技术人员的参考书。

图书在版编目（CIP）数据

电气系统安装与调试/王士军，尚川川主编. —北京：科学出版社，2017.7

机械工程专业职教师资培养系列教材

ISBN 978-7-03-055827-5

Ⅰ.①电… Ⅱ.①王…②尚… Ⅲ.①电气系统-设备安装-中等专业学校-师资培养-教材②电气系统-调试方法-中等专业学校-师资培养-教材 Ⅳ.①TM92

中国版本图书馆 CIP 数据核字（2017）第 300378 号

责任编辑：邓 静 张丽花 / 责任校对：郭瑞芝
责任印制：赵 博 / 封面设计：迷底书装

科学出版社 出版

北京东黄城根北街 16 号
邮政编码：100717
http://www.sciencep.com

三河市骏杰印刷有限公司印刷
科学出版社发行 各地新华书店经销
*
2017 年 7 月第 一 版 开本：787×1092 1/16
2024 年 8 月第四次印刷 印张：13 3/4
字数：308 000

定价：69.00 元
（如有印装质量问题，我社负责调换）

教育部 财政部职业院校教师素质提高计划成果系列丛书

机械工程专业职教师资培养系列教材

项目牵头单位：山东理工大学

项目负责人：王士军

项目专家指导委员会

主　任：刘来泉

副主任：王宪成　郭春鸣

成　员：（按姓氏笔画排列）

刁哲军　王继平　王乐夫　邓泽民　石伟平　卢双盈

汤生玲　米　靖　刘正安　刘君义　孟庆国　沈　希

李仲阳　李栋学　李梦卿　吴全全　张元利　张建荣

周泽扬　姜大源　郭杰忠　夏金星　徐　流　徐　朔

曹　晔　崔世钢　韩亚兰

丛 书 序

《国家中长期教育改革和发展规划纲要（2010－2020 年）》颁布实施以来，我国职业教育进入到加快构建现代职业教育体系、全面提高技能型人才培养质量的新阶段。加快发展现代职业教育，实现职业教育改革发展新跨越，对职业学校"双师型"教师队伍建设提出了更高的要求。为此，教育部明确提出，要以推动教师专业化为引领，以加强"双师型"教师队伍建设为重点，以创新制度和机制为动力，以完善培养培训体系为保障，以实施素质提高计划为抓手，统筹规划，突出重点，改革创新，狠抓落实，切实提升职业院校教师队伍整体素质和建设水平，加快建成一支师德高尚、素质优良、技艺精湛、结构合理、专兼结合的高素质专业化的"双师型"教师队伍，为建设具有中国特色、世界水平的现代职业教育体系提供强有力的师资保障。

目前，我国共有 60 余所高校正在开展职教师资培养，但教师培养标准的缺失和培养课程资源的匮乏，制约了"双师型"教师培养质量的提高。为完善教师培养标准和课程体系，教育部、财政部在"职业院校教师素质提高计划"框架内专门设置了职教师资培养资源开发项目，中央财政划拨 1.5 亿元，系统开发用于本科专业职教师资培养标准、培养方案、核心课程和特色教材等系列资源。其中，包括 88 个专业项目、12 个资格考试制度开发等公共项目。该项目由 42 家开设职业技术师范专业的高等学校牵头，组织近千家科研院所、职业学校、行业企业共同研发，一大批专家学者、优秀校长、一线教师、企业工程技术人员参与其中。

经过三年的努力，培养资源开发项目取得了丰硕成果。一是开发了中等职业学校 88 个专业(类)职教师资本科培养资源项目，内容包括专业教师标准、专业教师培养标准、评价方案，以及一系列专业课程大纲、主干课程教材及数字化资源；二是取得了 6 项公共基础研究成果，内容包括职教师资培养模式、国际职教师资培养、教育理论课程、质量保障体系、教学资源中心建设和学习平台开发等；三是完成了 18 个专业大类职教师资格标准及认证考试标准开发。上述成果，共计 800 多本正式出版物。总体来说，培养资源开发项目实现了高效益：形成了一大批资源，填补相关标准和资源的空白；凝聚了一支研发队伍，强化了教师培养的"校—企—校"协同；引领了一批高校的教学改革，带动了"双师型"教师的专业化培养。职教师资培养资源开发项目是支撑专业化培养的一项系统化、基础性工程，是加强职教师资培养培训一体化建设的关键环节，也是对职教师资培养培训基地教师专业化培养实践、教师教育研究能力的系统检阅。

自 2013 年项目立项开题以来，各项目承担单位、项目负责人及全体开发人员做了大量深入细致的工作，结合职教教师培养实践，研发出很多填补空白、体现科学性和前瞻性的成果，有力推进了"双师型"教师专门化培养向更深层次发展。同时，专家指导委员会的各位专家以及项目管理办公室的各位同志，克服了许多困难，按照教育部、财政部对项目开发工作的总体要求，为实施项目管理、研发、检查等投入了大量时间和心血，也为各个项目提供了专业的咨询和指导，有力地保障了项目实施和成果质量。在此，我们一并表示衷心的感谢。

编写委员会

2016 年 3 月

前　言

根据《教育部、财政部关于实施中等职业学校教师素质提高计划的意见》(教职成〔2006〕13 号)，山东理工大学"数控技术"省级精品课程教学团队的王士军博士主持承担了教育部、财政部机械工程专业职教师资本科培养资源开发项目（VTNE006），教学团队联合装备制造业专家、企业工程技术人员、全国中等职业学校和高职院校"双师型"教师、高等学校专业课教师、政府管理部门、行业管理和科研等部门的专家学者成立了项目研究开发组，研究开发了机械工程专业职教师资本科培养资源开发项目规划的核心课程教材。

本书本着为中等职业学校机械工程专业培养专业理论水平高、实践教学能力强，在教育教学工作中起"双师型"作用的职教师资，内容充分考虑中等职业学校机械工程专业毕业生的就业背景和岗位需求，在行业中有典型代表的机电设备及其发展趋势，教师岗位技能需求、专业教学理论知识、实践技能现状以及涉及的国家职业标准等，也充分考虑了该专业中等职业学校专业教师的知识能力现状。本书融合了行动导向、工作过程系统化、项目引领、任务驱动等先进的教育教学理念，通过理论与实践一体化组合，将多门学科、多项技术和多种技能有机地编排，内容与实际工作系统化过程的正确步骤吻合，既体现了专业领域普遍应用的、成熟的核心技术和关键技能，又包括了本专业领域具有前瞻性的主流应用技术，以及行业、专业发展需要的新理论、新知识、新技术、新方法。书中的每个项目、任务的后面都有归纳总结，这样使知识点和能力目标脉络清晰、逻辑性强，对提高职业岗位能力具有举一反三、触类旁通的效果，集图片、视频、文字论述于一体，通俗易懂，便于职教师资本科培养的教学实施和学生自学。

全书共分 4 个学习情境，具体内容如下：

学习情境一为照明线路电气系统的安装与调试，按照由简单到复杂再到综合的工作内容安排了 3 个教学项目：一控一护套线照明线路的安装，日光灯线路的安装，室内照明系统的安装与调试。这是本专业学生必备的基本工具使用技能。

学习情境二为三相异步电动机电气系统的安装与调试，按照由简单到复杂再到综合的工作内容安排了 3 个教学项目：三相异步电动机单向运行控制线路的安装与调试，三相异步电动机降压启动、位置控制线路的安装与调试，三相交流异步电动机变频调速系统的安装与调试。这是本专业学生必备的简单电气线路识读和常用电气元件的应用技能。

学习情境三为机床电气系统维修与调试，按照由简单到复杂再到综合的工作内容安排了 3 个工作任务：CA6140 型卧式车床电气控制线路检修，M7120 型平面磨床的故障维修与调试，X62W 型万能铣床的故障维修与调试。通过学习这 3 个任务的内容，学生可以逐步掌握复杂机电设备电气系统的安装、调试、维修和维护方法。

学习情境四为 PLC 控制系统的安装与调试，按照由简单到复杂再到综合的工作内容安排了 3 个教学项目：PLC 控制 3 个灯顺序点亮的程序编制与调试，传送带 PLC 控制回路的安装与调试，传送带位置控制线路的安装与调试。通过学习这 3 个项目的内容，学生可以逐步掌握电气系统综合控制的安装与调试。

本书融入了理念、设计、内容、方法、载体、环境、评价和教学策略等要素，它既不是各种技术资料的汇编，也不是培训手册，而是包含工作过程的相关知识，体现完整的工作过程，实现教、学、做一体化，为"电气系统安装与调试"课程提供工学结合实施的整体解决方案，融汇职教师资本科培养的职业性、专业性和师范性的特点。

本书由山东理工大学的王士军、滨州技师学院的尚川川任主编，山东省博兴县职业中等专业学校的许国刚、青岛技师学院的车志敬任副主编。广州市增城区东方职业技术学校的王宇辉，黑龙江省伊春技师学院的胡琳琳，天津职业技术师范大学附属高级技术学校的张瑞丰，江苏省宝应中等专业学校的王明玲，江苏省徐州医药高等职业学校的邓如兵，成都电子信息学校的李洪涛，崇州市职业教育培训中心的刘翔，山东理工大学的赵国勇、李庆余、董爱梅等参加了编写。

由于编者学识和经验有限，书中不足之处在所难免，恳请专家和读者批评指正。

编 者

2016 年 12 月

目　　录

学习情境一　照明线路电气系统的安装与调试

1.1　学习目标

1. 知识目标

(1) 掌握安全操作规程。

(2) 认识常用的电工工具、导线的种类。

(3) 了解导线截面积计算、导线安全载流量计算的方法。

(4) 了解建筑照明电气图的组成，并能识读一控一照明灯电气原理图。

(5) 了解日光灯的发光原理及电气线路图以及相关的图形、文字符号，熟悉日光灯的品种规格，整流器的选配。

(6) 掌握日光灯线路的调试、检修方法。

(7) 识读电气照明图、照明系统图，并掌握其图形符号、文字符号和标注代号。

(8) 知道照明电气中的接地、接零知识。

(9) 掌握塑料线槽、电源插座的安装方法和工艺。

(10) 掌握电气照明系统的调试维修方法。

2. 技能目标

(1) 会使用常用的电工工具。

(2) 会连接单股、多股导线，能敷设护套线线路。

(3) 能安装开关、灯座等照明电器，能安装一控一照明灯线路。

(4) 用护套线线路完成单管日光灯电路的安装、调试，并能对单管日光灯电路进行维修。

(5) 能按电气照明图选配导线、开关、熔断器、灯座等材料，安装电源插座、PE接地排，能完成整个室内电气照明的安装与调试。

(6) 能排除照明线路中的常见故障。

1.2　材料工具及设备

(1) 常用电工工具一套。

(2) 两芯护套线以及各类导线若干。

(3) 绝缘胶布、0号钢精轧片、鞋钉等若干。

(4) 一控一白炽灯器材、单管日光灯器材、二控一照明灯、插座等器件一套。

(5) 万用表、兆欧表、校验灯各一个。

1.3 学 习 内 容

项目(一) 一控一护套线照明线路的安装

 引导文

(1)常用的电工工具有哪几种，各有何用途？

(2)低压验电器可以检验的电压范围是多少？

(3)简述单股导线、多股导线连接的步骤以及应注意的事项。

(4)某一交流电压为 220V 的线路，采用明装护套线敷线。在该线路上装有 100W 白炽灯 5 盏，1000W 电热器 2 台。当这些灯全点亮时，线路中的电流为多少？选用哪一种规格的导线和熔丝最适合？

任务 1　常用电工工具的使用

常用电工工具是指在电工作业时，经常使用且维修电工必备的工具。作为未来的机电技术工人，不仅要认识常用的电工工具，还要能熟练地使用。

常用的电工工具有钢丝钳、尖头钳、斜口钳、电工刀、验电器、"一"字形和"十"字形螺钉旋具等，如图 1-1 所示。

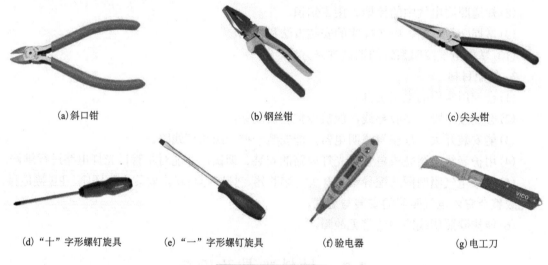

(a)斜口钳　　　　　　(b)钢丝钳　　　　　　(c)尖头钳

(d)"十"字形螺钉旋具　　(e)"一"字形螺钉旋具　　(f)验电器　　(g)电工刀

图 1-1　常用电工工具

1. 螺钉旋具的使用

螺钉旋具是一种紧固、拆卸螺钉的专用工具。按螺钉旋具头部形状的不同可分为"一"字形和"十"字形，可匹配螺钉尾部"一"字形和"十"字形的槽口。尺寸大的螺钉旋具用于紧固较大的螺钉，使用时，用大拇指、食指、中指夹持住旋柄，并用手掌顶住旋柄的末端，图 1-2(a)为用较大的螺钉旋具固定电气安装盒。这种方法可加大旋转力度并防止螺钉旋具在旋动时滑脱。尺寸小的螺钉旋具一般用于紧固电气接线端的小螺钉。使用时，用食指顶住螺钉旋具的末端，大拇指和中指转动螺钉旋具，图 1-2(b)是用较小的螺钉旋具操作电器与导线的连接。

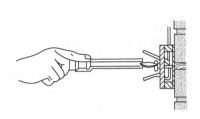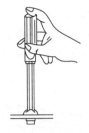

<table>
<tr><td>(a)大螺钉旋具的使用方法</td><td>(b)小螺钉旋具的使用方法</td></tr>
</table>

图 1-2　螺钉旋具的使用方法

1) 注意

(1)紧固或拆卸螺钉时，螺钉旋具的刃口要与螺钉尾部的槽口吻合。

(2)紧固或拆卸螺钉时，螺钉旋具的杆要与螺钉的方向一致，形成一条线。

(3)紧固或拆卸螺钉时，要有一股向前顶的力，以防螺钉尾槽滑口。

(4)不得当作凿子使用。

2) 实训项目

在木盘上进行拉线开关、平灯座、插座的安装和拆除。

3) 实训器材

(1)工具：螺钉旋具。

(2)器材：拉线开关、平灯、插座、木螺钉、木盘。

4) 操作内容

(1)选用合适的螺钉旋具。

(2)螺钉旋具头部对准木螺钉尾端，使螺钉旋具与木螺钉处于一条直线上，且木螺钉与木板垂直，顺时针方向转动螺钉旋具。

(3)应当注意固定好电气元件后，螺钉旋具的转动要及时停止，防止木螺钉进入木板过多而压坏电气元件。

(4)对于拆除电气元件的操作，只要使木螺钉逆时针方向转动，直至木螺钉从木板中旋出即可。操作过程中，如果发现螺钉旋具头部从螺钉尾端滑至螺钉与电气元件塑料壳体之间，螺钉旋具应立即停止转动，以避免损坏电气元件壳体。

5) 成绩评分标准(表 1-1)

表 1-1　成绩评分标准

序号	主要内容	考核要求	评分标准	配分	扣分	得分
1	螺钉旋具的使用	熟练掌握螺钉旋具的使用方法	(1)螺钉旋具使用方法错误扣 20 分	20		
			(2)木螺钉旋入木板方向歪斜扣 5～30 分	30		
			(3)电气元件安装歪斜或与木板间有缝隙扣 5～20 分	20		
			(4)操作过程中损坏电气元件扣 30 分	30		
2	安全文明生产	能够保证人身、设备安全	违反安全文明操作规程扣 5～20 分			
备注			合计	100		
			教师签字		年　月　日	

2. 钳类工具的使用

电工常用的钳类工具有钢丝钳、尖嘴钳、斜口钳以及专门用于剥削导线绝缘层的剥线钳。钢丝钳主要用于割断导线、剥削软导线的绝缘层以及紧固较小规格的螺母，如图 1-3 所示。

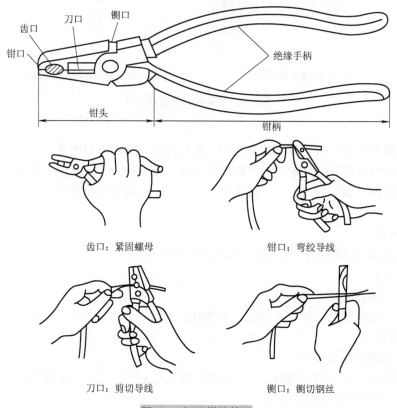

图 1-3　钢丝钳的使用

尖嘴钳主要用于剪断较细的金属丝以及夹持小螺钉、垫圈等。在安装电气线路时，尖嘴钳常用于把单股导线弯成各种所需形状，与电器的接线端连接，如图 1-4 所示。

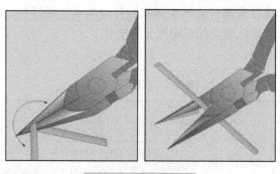

图 1-4　尖嘴钳的使用

斜口钳又称断线钳，主要用于剪断各类较粗的导线。

剥线钳是一种剥削导线绝缘层的专用工具，使用时，首先根据需剥削导线的绝缘长度来确定标尺，然后将导线放入相应线径的刃口中，用手将钳柄一握，导线的绝缘层即被割破自动弹出，如图 1-5 所示。

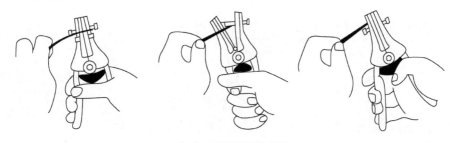

图 1-5　剥线钳的使用

1）注意

（1）使用前，应检验工具的绝缘柄是否完好，如果绝缘柄损坏，严禁带电作业。

（2）带电作业时，严禁同时钳切两根导线，避免发生短路故障。

2）实训项目

使用钢丝钳和尖嘴钳，分别将 BV-1.5mm^2、BV-2.5mm^2、BV-4mm^2 的单股导线弯制成直径分别为 4mm、6mm、8mm 的安装圈。

3）实训器材

（1）工具：钢丝钳、尖嘴钳。

（2）器材：BV-1.5mm^2、BV-2.5mm^2、BV-4mm^2 单股导线，直径分别为 4mm、6mm、8mm 的螺钉。

4）操作内容

（1）用钢丝钳或尖嘴钳截取导线。

（2）根据安装圈的大小剥削导线部分绝缘层。

（3）将剥削绝缘层的导线向右折，使其与水平线约成 30° 夹角。

（4）由导线端部开始均匀弯制安装圈，直至安装圈完全封口。

（5）安装圈完成后，穿入相应直径的螺钉，检验其误差。

5）成绩评分标准（表 1-2）

表 1-2　成绩评分标准

序号	主要内容	考核要求	评分标准	配分	扣分	得分
1	钢丝钳和尖嘴钳的使用	熟练掌握钢丝钳和尖嘴钳的使用方法	（1）工具使用方法错误扣 10~20 分	20		
			（2）安装圈过大或过小扣 5~30 分	30		
			（3）安装圈不圆扣 5~20 分	20		
			（4）安装圈开口过大扣 5~10 分	20		
			（5）绝缘层剥削过多扣 10 分	10		
2	安全文明生产	能够保证人身、设备安全	违反安全文明操作规程扣 5~20 分			
备注			合计	100		
			教师签字		年　月　日	

3. 电工刀的使用

电工刀用于剥削导线的绝缘层、切割木台（或塑料木台）的进线缺口等。新的电工刀在使用前要进行刀刃磨削（可在油石上刃磨），如图 1-6（a）所示。图 1-6（b）为电工刀的握法。使用电工刀时，其刀刃必须朝外或朝下，以免伤到手。如图 1-6（c）所示，用于切削木榫时，刀刃必须朝下。

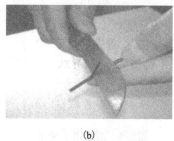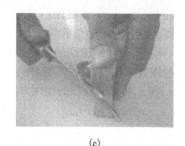

<table>
<tr><td>(a)</td><td>(b)</td><td>(c)</td></tr>
</table>

图 1-6 电工刀的使用

1）注意

（1）用电工刀剥削导线绝缘层时，一般该导线线芯均大于 4mm²。

（2）电工刀使用时要避免伤手。

（3）电工刀的刀柄无绝缘保护，不能在带电导线或器材上剖削，以免触电。

（4）电工刀用毕，随即将刀折进刀柄。

（5）第一次使用电工刀时必须进行刃磨。

2）实训项目

使用钢丝钳或电工刀，针对几种常用导线，采取相应的方法剖削绝缘层。

3）实训器材

（1）工具：钢丝钳、电工刀、剥线钳。

（2）器材：BV-2.5mm²，BV-6mm² 单股导线；BLV-2.5mm² 护套线；BLX-2.5mm² 橡皮绝缘导线；R1.0mm² 双绞线。

4）操作内容

（1）根据不同的导线选用适当的剖削工具。

（2）采用正确的方法进行绝缘层的剖削。

（3）检查剖削了绝缘层的导线，看是否存在断丝、线芯受损的现象。

5）成绩评分标准（表 1-3）

表 1-3 成绩评分标准

序号	主要内容	考核要求	评分标准	配分	扣分	得分
1	导线绝缘层的剥削	熟练掌握常用导线绝缘层的剥削方法	（1）工具选用错误扣 30 分	30		
			（2）操作方法错误扣 5～40 分	40		
			（3）线芯有断丝、受损现象扣 5～30 分	30		
2	安全文明生产	能够保证人身、设备安全	违反安全文明操作规程扣 5～20 分			
备注			合计	100		
			教师签字		年 月 日	

4. 验电器的使用

验电器是检验导线和电器设备是否带电的一种常用电工检测工具。验电器分为高压验电器和低压验电器。低压验电器又称验电笔，常用的有笔式、螺钉旋具式和数字式三种，如图 1-7 所示。验电器由氖管、电阻、弹簧、验电器尖、人体接触的金属体等组成。笔式验电笔、螺钉旋具式验电笔的握法各有不同，如图 1-8（a）和（b）所示，其关键是手的某一部分必须与验电笔的金属体相接触。当验电笔测到带电体时，电流经带电体、验电笔、人体接触的金属体、人体和大地形成回路。当带电体与大地之间的电位差超过 60V 时，验电笔中的氖泡就发亮，所以验电笔测试电压的范围为 60～500V。

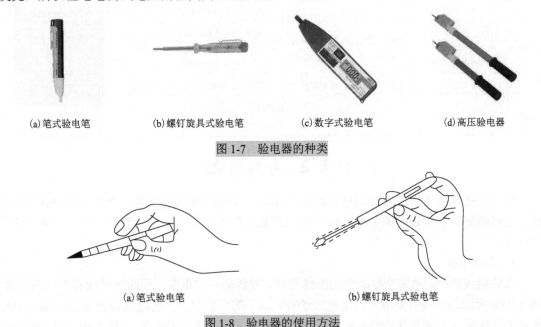

(a)笔式验电笔　　　(b)螺钉旋具式验电笔　　　(c)数字式验电笔　　　(d)高压验电器

图 1-7　验电器的种类

(a)笔式验电笔　　　　　　　　　　　　　(b)螺钉旋具式验电笔

图 1-8　验电器的使用方法

1)注意

(1)使用前，应在已知带电体上进行测试，证明验电器确实良好方可使用。使用时不能用手接触前面的金属部分。

(2)只有在氖管不发亮时，人体才可以与被测试物体接触。

(3)室外使用高压验电器时，必须在气候条件良好的情况下进行。在雨、雪、雾及湿度较大的天气中不宜使用，以防发生危险。

2)实训项目

(1)使用低压验电器对交流 220V、110V、36V 的电源进行检测。

(2)使用低压验电器对直流 110V、24V 的电源进行检测。

(3)学会判别交直流电的方法。

3)实训器材

(1)工具：低压验电器、高压验电器、绝缘手套、绝缘靴。

(2)器材：控制变压器、直流稳压电源。

4)操作内容

(1)根据电源电压的高低，正确选用验电工具。

(2)采用正确的方法握持验电器，使笔尖接触带电体。

(3)仔细观察氖管的状态，根据氖管的亮、暗判断相线(火线)和中性线(零线)；根据氖管的亮、暗程度，判断电压的高低；根据氖管的发光位置，判断直流电源的正、负极。

5)注意

高压验电器的使用应在变电房中进行。

6) 成绩评分标准 (表 1-4)

表 1-4　成绩评分标准

序号	主要内容	考核要求	评分标准	配分	扣分	得分
1	低压验电器的使用	熟练掌握低压验电器和高压验电器的使用方法	(1) 使用方法错误扣 10～20 分 (2) 电压高低判断错误扣 10～20 分	50		
2	高压验电器的使用		(3) 直流电源极性判断错误扣 10 分	50		
3	安全文明生产	能够保证人身、设备安全	违反安全文明操作规程扣 5～10 分			
备注			合计	100		
			教师签字	年　　月　　日		

任务 2　导线的选用

在电气的安装过程中会碰到电气线路的连接；在电气接线过程中，会遇到各种各样的导线，这就需要我们认识各类导线，用千分尺测量导线线芯直径，然后套用公式，换算出线芯的截面积。

1. 认识导线

在照明线路中，通常将导线称为绝缘导线。导线的种类很多，不同的导线有不同的用途，图 1-9 (a) 所示的导线主要用于额定电压 500V 以下的照明和动力线路的敷设导线；图 1-9 (b) 所示的导线用作不频繁移动的电源连接，但不能作为固定敷设的导线；图 1-9 (c) 所示的导线用作电压 250V 及以下的移动电具、吊灯等电源的连接；图 1-9 (d) 所示的导线用作电压 250V 及以下的电热移动电具，如电烙铁、电熨斗、小型加热器等；图 1-9 (e) 所示的导线是双股、三股护套线，主要用于照明线路的敷设。

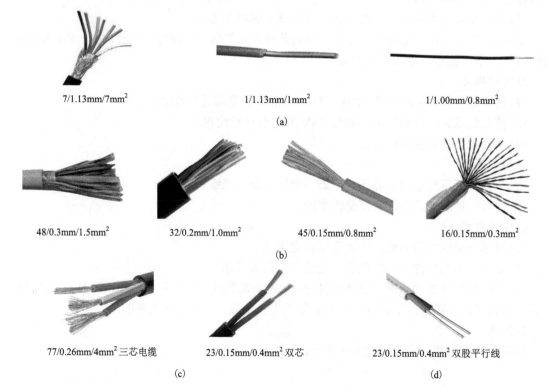

7/1.13mm/7mm²　　　　1/1.13mm/1mm²　　　　1/1.00mm/0.8mm²

(a)

48/0.3mm/1.5mm²　　32/0.2mm/1.0mm²　　45/0.15mm/0.8mm²　　16/0.15mm/0.3mm²

(b)

77/0.26mm/4mm² 三芯电缆　　23/0.15mm/0.4mm² 双芯　　23/0.15mm/0.4mm² 双股平行线

(c)　　　　　　　　　　　　　　　　(d)

1/1.13mm/1mm² 双股护套线　　　　　　　　　1/1.13mm/1mm² 三股护套线

(e)

图 1-9　导线的种类

2. 导线的截面积计算

导线的截面积可以通过导线线芯的直径计算，通常用千分尺测量线芯直径，如图 1-10 所示。

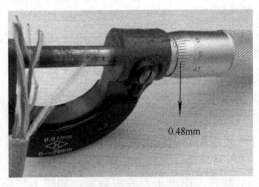

图 1-10　千分尺测量线芯直径

已知导线线芯的直径即可换算出导线线芯的截面积，其截面积计算公式为

$$s = \frac{\pi}{4}d^2$$

式中，s——导线线芯的截面积，mm²；

d——导线线芯的直径，mm。

如果导线的线芯为多股，则计算公式为

$$s = 0.785nd^2$$

式中，n——导线线芯的股数。

3. 活动设计

学生通过用千分尺测量导线线芯的直径，并用上述相关公式计算出导线的截面积。

准备材料：单股塑料铜芯线（BV-1/1.13mm，BV-1/1.17mm）、七股线（BV-7/1.33mm）。

准备量具：0～25mm 千分尺（每 3 位学生一把）。

任务 3　导线的连接与绝缘恢复

电气工程中经常会碰到导线与导线的连接。导线连接分为导线绝缘层的剥削、导线线芯的对接、导线绝缘层的恢复三个步骤，连接过的导线要仍具备与原始导线相同的技术参数。它主要指导线的安全载流量、拉力、绝缘程度等。

1. 导线绝缘层的剥削

剥削导线绝缘层的工具有钢丝钳、电工刀和剥线钳三种。对于导线线芯截面积 4mm² 以下的单股线可采用钢丝钳、剥线钳进行剥削。用钢丝钳剥削导线绝缘层有一定的技巧，需通过训练加以熟练。

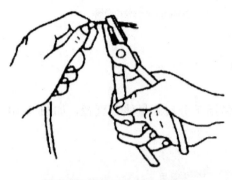

图 1-11　用钢丝钳剥削绝缘层

1) 用钢丝钳剥削绝缘层

(1) 左手捏导线，右手握钢丝钳，将需剥削绝缘层的导线根据长度放在钢丝钳的刃口上(通常剥削单股导线绝缘层的长度为线芯直径的 70 倍)，右手要用点力，但是手上要有感觉，这一点力既要卡住导线的绝缘层，又不能损伤线芯，如图 1-11 所示。

(2) 用手握住钢丝钳的头部，用力向外勒出塑料绝缘层。

(3) 检查导线的线芯，要确保完好无损，否则重新操作。

2) 用电工刀剥削绝缘层(4mm² 以上的导线)

(1) 根据要求的长度，用电工刀以 45° 角切入导线的绝缘层(通常剥削多股导线绝缘层的长度为线芯直径的 20 倍)，如图 1-12(a) 所示。

(2) 将刀面与线芯以 25° 倾角用力向线端推削，削去导线上面一层的绝缘层，如图 1-12(b) 所示。

(3) 将导线的绝缘层向后翻转，用电工刀齐根割断，如图 1-12(c) 所示。

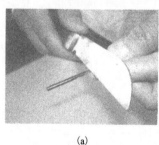
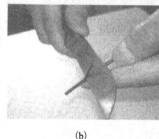
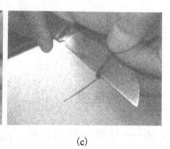

(a)　　　　　　　　　　　(b)　　　　　　　　　　　(c)

图 1-12　用电工刀剥削绝缘层

3) 用电工刀剥削护套线的绝缘层

(1) 用电工刀的刀尖按所需长度对准护套线的中间线隙(二芯护套线的中间不会碰到线芯)，划开护套线，如图 1-13(a) 所示。

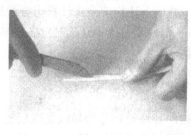
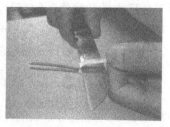

(a)　　　　　　　　　　　　　　(b)

图 1-13　用电工刀剥削护套线的绝缘层

(2)将护套线的护套层向后翻转，用电工刀齐根割断，如图 1-13(b)所示。

(3)用电工刀按上述剥削绝缘层的方法进行剥削。

4)活动设计

(1)用钢丝钳按图 1-14 所示尺寸对 1/1.13mm(1mm^2)的导线进行绝缘层剥削(剥削两根导线待用，在下一步骤中要进行导线连接)。

(2)用电工刀按图 1-15 所示尺寸对 BV-7/1.13mm(7mm^2)的导线进行绝缘层剥削(剥削两根导线待用，在下一步骤中要进行导线连接)。

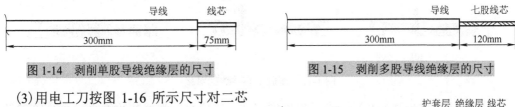

图 1-14　剥削单股导线绝缘层的尺寸　　　图 1-15　剥削多股导线绝缘层的尺寸

(3)用电工刀按图 1-16 所示尺寸对二芯护套线的导线进行绝缘层剥削。

图 1-16　剥削护套线绝缘层的尺寸

2. 导线的连接

1)单股铜芯导线的连接

(1)剥削好绝缘层的线芯去氧化层，可用电工刀进行去氧化层操作，即将线芯表面一层发暗的氧化物轻轻刮去。

(2)将两线芯成 X 形相交，相互铰接 2～3 圈，如图 1-17(a)所示。

(3)两线芯扳成垂直，将一边的线芯紧贴另一边线芯缠绕 6 圈，用钢丝钳切去余下的线芯，如图 1-17(b)所示。用同样的方法将另一边缠绕 6 圈，并钳平线根部，最后整外形，如图 1-17(c)所示。

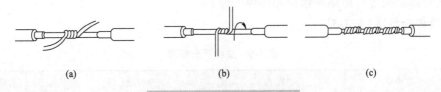

(a)　　　　　　　　　(b)　　　　　　　　　(c)

图 1-17　单股铜芯导线的连接

2)多股铜芯导线连接(以 7 股 1.13mm 线芯为例)

(1)检验 7mm^2 的 7 股 1.13mm 线芯长度是否为 120mm，如图 1-18(a)所示，将线芯整理拉直，把靠近绝缘层处全长的 1/3 线芯进一步绞紧，把余下的 2/3 线芯分散成伞骨形，并将每根线芯拉直，如图 1-18(b)所示。

(2)将两股伞骨形的线芯隔根对叉，对叉后将两端线芯捏平，如图 1-18(c)所示。

(3)先将一端的 7 股线芯按 2、2、3 股分成 3 组，接着把第一组的两股线芯向上扳起，垂直于线芯，如图 1-18(d)所示。然后按顺时针方向紧贴线芯并缠绕两圈，把多余的线芯扳成直角并与对方线芯平行。

(4)把第二组的两股线芯向上扳起，垂直于线芯，按顺时针方向贴线芯并接着把第二组的两股线芯向上扳起，垂直于线芯，也按顺时针方向贴线芯并缠绕两圈，把多余的线芯扳成直角并与对方线芯平行，接着把第三组的 3 股线芯向上扳起，垂直于线芯，如图 1-18(e)所示，也按顺时针方向贴线芯并缠绕三圈，用钢丝钳切去多余的线芯，钳平线端，不留毛刺。

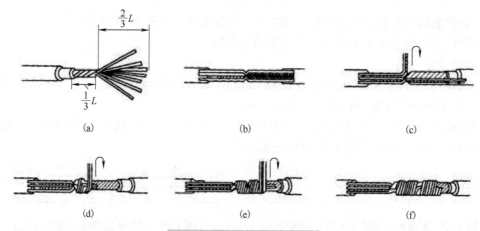

图 1-18　多股铜芯导线的对接

(5)按上述操作步骤的(3)、(4)，以同样的方法完成另一端线芯的缠绕。图 1-18(f)为 7 股线对接后的实例。

3)活动设计

(1)将两根已剥削的单股导线(1/1.13mm)进行连接。

(2)将两根已剥削的多股导线(7/1.13mm)进行连接。

连接好的导线待用，在后面恢复导线绝缘任务时继续使用。

4)操作内容

(1)根据不同的导线，采取相应的方法进行绝缘层剖削。

(2)针对不同的导线，进行相应导线接头的制作。

(3)对导线接头进行电烙铁锡焊和浇焊处理。

5)成绩评分标准(表 1-5)

表 1-5　成绩评分标准

序号	主要内容	考核要求	评分标准	配分	扣分	得分
1	单股铜线的直线连接	熟练掌握单股铜线的直线连接、T 字形连接	(1)剖削方法不正确扣 5 分	20		
2	单股铜线的 T 字形连接		(2)芯线有刀伤、钳伤、断芯情况扣 5 分	20		
3	7 股铜线的直线连接	熟练掌握 7 股铜线的直线连接、T 字形连接		20		
4	7 股铜线的 T 字形连接		(3)导线缠绕方法错误扣 5 分 (4)导线连接不整齐、不紧、不平直、不圆扣 5 分	20		
5	单股铜线接头的电烙铁锡焊	熟练掌握单股铜线接头的电烙铁锡焊操作工艺	(1)锡焊不牢固扣 5~10 分	10		
6	7 股铜线接头的浇焊	熟练掌握 7 股铜线接头的浇焊操作工艺	(2)表面不光滑扣 5~10 分	10		
7	安全文明生产	能够保证人身、设备安全	违反安全文明操作规程扣 5~20 分			
备注			合计	100		
			教师签字		年　月　日	

3. 恢复导线绝缘层

导线连接后及导线的绝缘层破损时都需要进行绝缘恢复，恢复后的绝缘强度不应低于原来的绝缘层。用于绝缘恢复的材料主要是黄蜡带和绝缘胶带，它们的宽度均为 20mm。恢复导线绝缘就是用黄蜡带和绝缘胶带对破损的、连接后的导线进行包扎，包扎的方法如下。

(1)将黄蜡带从导线左边完整的绝缘层开始包缠，黄蜡带与导线以 55° 倾角起缠，确保在完整绝缘层缠绕两圈后进入绝缘恢复处，包缠时要始终保持 1/2 带宽的重叠层，如图 1-19(a)所示。

(2)黄蜡带包缠结束，将绝缘胶带接在黄蜡带的尾端以相反的 55° 倾角方向缠绕，同样，绝缘胶带要始终保持 1/2 带宽的重叠层，如图 1-19(b)所示。

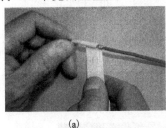
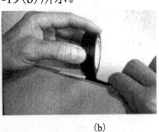

(a)　　　　　　　　　　　　(b)

图 1-19　导线恢复绝缘

1)注意

(1)在 380V 线路上恢复导线绝缘时，黄蜡带需包缠两层，再包一层绝缘胶带。

(2)在 220V 线路上恢复导线绝缘时，黄蜡带需包缠一层，再包一层绝缘胶带，或者直接用绝缘胶带包缠两层。

(3)用黄蜡带、绝缘胶带包缠时，层层要扎紧。

(4)绝缘胶带带有黏性，存放时要避高温、避沾油类。

2)活动设计

(1)将两根已连接好的单股导线(1/1.13mm)进行绝缘恢复。

(2)将两根已连接好的多股导线(7/1.13mm)进行绝缘恢复。

3)操作内容

(1)根据本任务介绍的方法制作导线接头。

(2)单股和多股导线直线连接的绝缘层恢复方法与单股和多股导线 T 字形连接的绝缘层恢复方法参照本任务中的介绍。

(3)完成绝缘恢复后，将其浸入水中约 30min，检查是否渗水。

4)成绩评分标准(表 1-6)

表 1-6　成绩评分标准

序号	主要内容	考核要求	评分标准	配分	扣分	得分
1	单股导线接头的绝缘恢复	熟练掌握单股导线和多股导线接头的绝缘恢复	(1)包缠方法错误扣20分	50		
2	多股导线接头的绝缘恢复		(2)有水渗入绝缘层扣20分 (3)有水渗到导线上扣20分	50		
3	安全文明生产	能够保证人身、设备安全	违反安全文明操作规程扣5~20分			
备注			合计	100		
			教师签字		年　月　日	

任务4　安装一控一照明灯护套线线路

通过本次任务，学生将具有用明敷护套线线路安装照明灯的能力以及相关用电安全知识。在完成本任务的同时，学生将掌握护套线线路的特点和安装要求，掌握护套线的型号和载流量，熟悉照明电气的线路图以及图形、文字符号。

图1-20(a)是一控一照明电气图，图1-20(b)是一控一照明灯安装位置图，图1-20(c)是安装后的明敷护套线线路一控一照明灯的实物图。

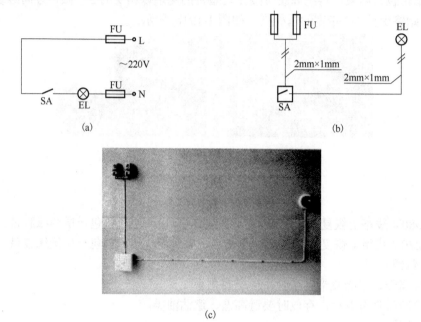

图1-20　一控一照明灯示意图

安装时需要的材料与工具有安装板、双芯护套线、0号钢精轧片、86型接线盒、开关、灯座、白炽灯、3英寸(约75mm)圆木以及常用电工工具。图1-21(a)是本次任务所用的材料，图1-21(b)是所需工具。

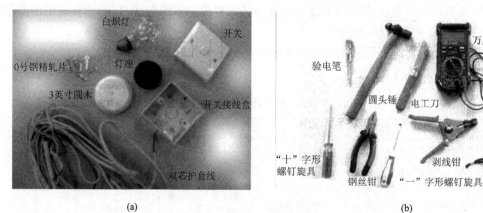

图1-21　材料与工具

1. 安装

1) 安装前的划线

根据一控一照明灯的电气电路图在安装板上标划出护套线的走向，根据布置图的要求，确定电源的进线位置以及熔断器、开关、灯座的安装位置，用笔做好记号，安装板的尺寸为 1000mm×700mm，如图 1-22 所示。图中的"黑点"是 0 号钢精轧片的尺寸安装点。

2) 固定 0 号钢精轧片

在预先设定 0 号钢精轧片的位置处，将鞋钉插入 0 号钢精轧片中央的小孔中，用圆头锤将 0 号钢精轧片固定在划线的位置上，如图 1-23 所示。

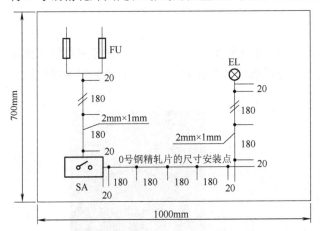

图 1-22　在安装板上标划出安装位置

图 1-23　固定 0 号精钢轧片

3) 敷设护套线

护套线的敷设按放线、敷线、勒直和收紧四步进行。

(1) 放线。放线应从整套护套线的外层开始，不能将线拉乱，应转动整圈护套线，将线头从护套线外圈慢慢放出，按需将护套线放出一定长度后，用钢丝钳将其剪断。

(2) 敷线。先用 0 号钢精轧片固定导线的一端，然后用大拇指按住导线，沿划线方向移动，将导线放出，如图 1-24(a) 所示。

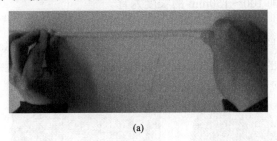

(a)　　　　　　　　　　　　　　　(b)

图 1-24　敷设护套线

(3) 勒直。在固定护套线前，需要把有弯曲部分的导线勒直。一般可用纱团裹捏，来回勒直，使护套线安装后显得挺直。

(4) 收紧。一般短距离的直线、转角部分，可用手指顺着护套线按搓，使导线挺直平整后再夹上 0 号钢精轧片，如图 1-24(b) 所示。

4) 0 号钢精轧片的夹持

将需夹持的护套线放置于 0 号钢精轧片的钉孔位上，按图 1-25(a)～(d) 所示步骤操作。

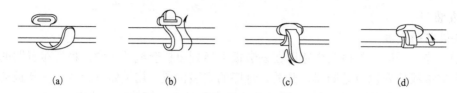

(a)   (b)   (c)   (d)

图 1-25 　0 号钢精轧片线卡操作步骤

此处应注意如下问题。

(1) 0 号钢精轧片有正反面。

(2) 安装方向要一致。

5) 固定熔断器、接线盒

护套线线路敷设后，即可固定熔断器、接线盒和安装灯座的圆木。本任务采用插入式熔断器，如图 1-26(a) 所示。用木螺钉固定并用万用表检查熔断器。图 1-26(b) 为用木螺钉固定接线盒。

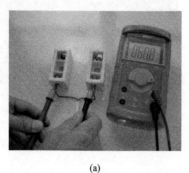

(a)   (b)

图 1-26 　固定检查熔断器、接线盒

6) 剥线

接线前先要剥线，用电工刀对护套线剥削绝缘层，先剥削护套线的护套层，再剥削绝缘层。考虑到护套线与灯座、开关等电器件连接方便，同时考虑到剥线时可能损伤线芯，故剥削护套层时需要留有一定的裕量，一般以剥削 100～150mm 的长度为宜。

7) 接线

将已剥削绝缘层的导线按一控一照明灯电路的原理图接入开关的接线桩头上，如图 1-27(a) 所示。将两根零线在开关盒内对接，剥削导线的绝缘层约 20mm，用钢丝钳将两股铜芯线相互缠绕，如图 1-27(b) 所示，再用绝缘包布以半叠包的形式进行绝缘恢复处理，如图 1-27(c) 所示。

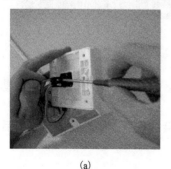
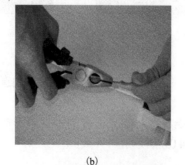

(a)   (b)   (c)

图 1-27 　开关接线、零线对接、绝缘恢复

8) 安装圆木及灯座

将圆木按灯座穿线孔的位置钻 $\phi 5$ 的孔，并将圆木边缘开出缺口(位置为护套线进入处，缺口大小为护套线的护套尺寸)，对进入圆木的护套线剥削护套层，长度为 100~150mm。导线从圆木的穿线孔穿出，穿出孔后的导线长度一般为 50mm。根据圆木固定孔的位置用木螺钉将圆木固定在原设计位置上，如图 1-28 所示。

由于灯座接线采用螺钉压紧导线的方法，为了接线可靠，将导线在螺钉压紧处做成一个圆圈，具体操作方法如下。

(1)用剥线钳剥去导线的绝缘层，线芯长度为 15mm。

(2)用尖嘴钳将线芯扳成 90°，如图 1-29(a)所示。

(3)用尖嘴钳钳住线芯的顶端，顺时针方向做一个圆圈，如图 1-29(b)所示。要求孔要圆，且圆孔直径要略大于压紧导线的螺钉直径。

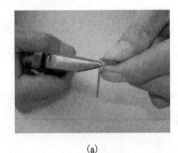
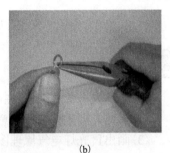

(a)　　　　　　　　　(b)

图 1-28　圆木及灯座的安装　　　　图 1-29　导线在螺钉压紧处做一个圆圈

(4)压紧螺钉穿过导线的圆孔，螺钉的拧紧方向与圆圈弯制方向一致，如图 1-30(a)所示。

(5)灯座接线完成后，即可用木螺钉将灯座固定在圆木上，如图 1-30(b)所示。

完成以上操作，即可结束一控一照明灯护套线线路的安装工作，如图 1-20(c)所示。

2. 通电前检查

通电前应检查线路有没有短路，方法如下。

(1)利用万用表的电阻 R×1 挡，将两表笔分别置于两个熔断器的出线端(下桩头)上进行检测，如图 1-31 所示。

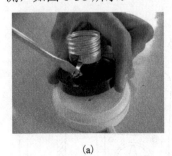

(a)　　　　　　　　　(b)

图 1-30　灯座接线、固定　　　　图 1-31　通电前检查

(2)合上照明灯开关。正常情况下，此时万用表应有几百欧姆的电阻指示，此值为白炽灯的冷态电阻。

(3)断开照明灯开关。正常情况下，此时万用表应是无穷大的电阻指示，开关处于断开位置时电阻应为无穷大，即开路。

图 1-32　安装熔丝

3. 通电实验

通电前先安装熔丝，如图 1-32 所示，并将其插入熔断器座中，接上 220V 的交流电源，对一控一照明灯进行实验。拨动开关，当开关在接通位置时白炽灯亮；反之白炽灯暗。

4. 注意

(1)熔丝不可用铜丝代替。

(2)规格要符合线路要求。

5. 活动设计

如图 1-20(a)～(c)所示，按图中的尺寸要求，独立完成一控一护套线线路白炽灯照明线路的安装、调试。

项目(二)　日光灯线路的安装

📖 引导文

(1)万用表有哪些用途?在电气安装过程、电气检修时能起什么作用?

(2)使用万用表时应该注意哪些问题?

(3)画出日光灯电气原理图。

(4)兆欧表主要用于测量绝缘电阻，能否测量普通电阻的阻值？为什么？

(5)兆欧表在测量电源线路的绝缘电阻时，应注意哪几方面的问题？

(6)日光灯不亮可能产生的故障有哪些方面?

(7)简述保护接地、保护接零的作用。

任务1　万用表、兆欧表的使用

万用表、兆欧表是维修电工常用的仪表，通过本任务不仅要认识万用表、兆欧表，而且要了解表的用途并掌握其操作方法。

1. 万用表的使用

1)直流电压测量

直流电压测量的连接方法如图 1-33 所示。测量直流电压按以下步骤进行。

(1)将红表笔插入"VΩ"插孔，黑表笔插入"COM"插孔。

(2)将功能开关置于"V---"量程挡，并将测试表笔并联到待测电源或负载上。

(3)从显示器上读取测量结果。

(4)如果不知道被测电压的范围，应将功能开关置于大量程并逐渐降低其量程(不能在测量的同时改变量程)。

(5)如果显示"1"，表示过量程，此时，应将功能开关置于更高的量程挡。

(6)⚠ 表示不要输入高于万用表要求的电压，否则有可能损坏万用表的内部线路。

在测量高压时，应特别注意避免触电。

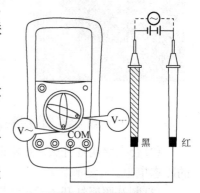

图 1-33　测量直流电压

2）交流电压测量

测量方法类似于直流电压测量。

3）直流电流测量

直流电流测量的连接方法如图 1-34 所示。测量直流电流按以下步骤进行。

（1）将红表笔插入"mA"或"20A"插孔（当测量 200mA 以下的电流时，插入"mA"插孔；当测量 200mA 及以上的电流时，插入 20A 插孔），黑表笔插入"COM"插孔。

（2）将功能开关置"A="量程，并将测试表笔串联接入待测负载回路中。

（3）从显示器上读取测量结果。

（4）如果使用前不知道被测电流的范围，应将功能开关置于最大量程并逐渐降低其量程（不能在测量的同时改变量程）。

（5）如果显示器只显示"1"，表示过量程，应将功能开关置于更高量程挡。

（6）⚠ 表示最大输入电流为 200mA 或 20A（10A），它取决于所使用的插孔，过大的电流将烧坏熔丝[20A（10A）量程无熔丝保护]。

注意：该万用表的最大测试压降为 200mV。

4）交流电流测量

操作方法类似于直流电流的测量。

5）电阻测量

电阻测量的连接方法如图 1-35 所示。测量电阻按以下步骤进行。

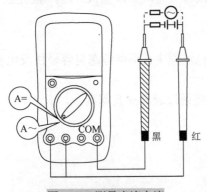

图 1-34　测量直流电流

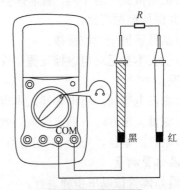

图 1-35　测量电阻

（1）将红表笔插入"VΩ"插孔，黑表笔插入"COM"插孔。

（2）将功能开关置于"Ω"量程，将测试表笔并接到待测电阻。

（3）从显示器上读取测量结果。

（4）如果被测电阻值超出所选量程的最大值，将显示过量程"1"，此时，应选择更高的量程挡，对于大于 1MΩ或更高的电阻，要经过几秒钟后读数才稳定，再进行读取。

（5）当无输入时，如开路情况，其显示为"1"。

（6）在检查内部线路阻抗时，要保证被测线路所有电源断电，所有电容放电。

注意：在测量电阻时一定不能带电测量。

6）二极管和蜂鸣通断测量

二极管和蜂鸣通断测量的连接方法如图 1-36 所示，测量按以下步骤进行。

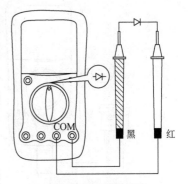

图 1-36　通断的测量

(1)将红表笔插入"VΩ"插孔，黑表笔插入"COM"插孔。

(2)将功能开关置于二极管和蜂鸣通断挡位。

(3)若将红表笔连接到待测二极管的正极，黑表笔连接到待测二极管的负极，则显示屏(LCD)上的读数为二极管正向压降的近似值。

(4)将表笔连接到待测线路的两端，当被测线路两端之间的电阻值在70Ω以下时，仪表内置蜂鸣器将发声，同时LCD显示被测线路两端的电阻值。

(5)如果被测二极管开路或极性接反(即黑表笔连接的电极为"+"，红表笔连接的电极为"−")，LCD将显示"1"。

(6)用二极管挡可以测量二极管及其他半导体器件PN结的电压降，一个结构正常的硅半导体，正向压降的读数应该是500～800mV。

这里应该注意如下问题。

① 为了避免损坏仪表，在线测量二极管前，应先切断电源，并将电容放电。

② 不要输入高于直流60V或交流30V的电压，避免损坏仪表及伤害到人身。

7) 电容测试

电容测试的连接方法如图1-37所示，测量电容按以下步骤进行。

(1)将功能开关置于"F_{cx}"挡。

(2)如果被测电容大小未知，应从最大量程开始逐步减小量程挡。

(3)根据被测电容不同，应选择多用转接插头座或带夹短测试线插入"VΩ"插孔或"mA"插孔，并保持接触可靠。

(4)从显示器上读取读数。

(5)仪表本身已对电容挡设置了保护，在电容测试过程中，不用考虑电容极性及电容充放电等情况。

(6)测量电容时，将电容插入电容测试座中，不要通过表笔插孔测量。

(7)测量大电容时，稳定读数需要一定的时间。

(8)电容的单位，$1pF=10^{-6}\mu F=10^{-12}F$。

8) 晶体管测量

测量晶体管按以下步骤进行。

(1)将功能/量程开关置于"h_{FE}"挡。

(2)将多用转接插座"mA"端子和"V/Ω"端子插入。图1-38是多用转接插座，保持接触可靠。

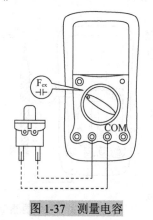

图1-37 测量电容

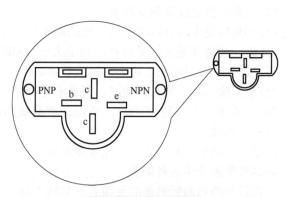

图1-38 多用转接插座

(3) 正确判断待测晶体管的极性(PNP 或 NPN 型),将相应的基极(b)、发射极(e)、集电极(c)对应插入,显示器上即显示出被测晶体管的 h_{FE} 近似值。

【知识链接】 认识数字式万用表

数字式万用表可用于测量直流和交流电压、直流和交流电流、电阻、电容、电感、二极管的通断、三极管的 h_{FE} 及连续性测试等,是电气工程、机电设备安装、调试、维修、电子产品检修等的必备工具。由于数字式万用表的整机电路设计以大规模集成电路双积分 A/D 转换器为核心,并配以全过程过载保护电路,并具有自动断电等功能,所以当今的数字式万用表性能优越、应用广泛。了解并正确应用是每一位电气技术人员必须掌握的基本技能之一。

通常,数字式万用表由 LCD 显示屏、量程开关、表棒接插端口等组成,如图 1-39(a) 所示,图 1-39(b) 是型号为 UT58D 的数字式万用表实物图。图 1-40 是 LCD 数字显示屏上显示的所有符号。表 1-7 是各显示符号(图 1-40 中各序号标注的符号)对应的功能。

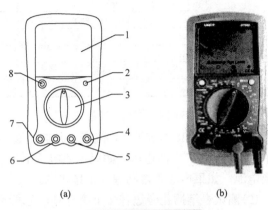

(a)　　　　　(b)

图 1-39 数字式万用表

1-LCD 显示屏;2-数据保持选择按键;3-量程开关;4-公共输入端;5-V/Ω输入端;6-mA 测量输入端;7-20mA 电流输入端;8-电源开关

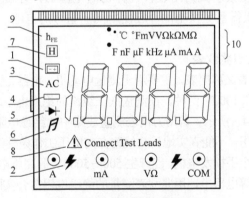

图 1-40 显示屏上各类符号

表 1-7 显示符号对应的功能

序号	符号	说明
1	⊡	电池电量不足
2	⚡	警告提示符号
3	AC	测量交流时显示,直流关闭
4	▭	显示负的极性
5	►►	二极管测量提示符
6	♬	电路通断测量提示符
7	Ⓗ	数据保持提示符

续表

序号	符号	说明
8	⚠	Connect Terminal 输入端口连接提示
9	h_FE	三极管放大倍数提示符
10	mV、V	电压单位：毫伏、伏
	Ω、kΩ、MΩ	电阻单位：欧姆、千欧姆、兆欧姆
	μA、mA、A	电流单位：微安、毫安、安培
	℃、℉	温度单位：摄氏度、华氏度
	kHz	频率单位：千赫兹
	nF、μF、F	电容单位：纳法、微法、法

使用数字式万用表应该注意如下问题。

(1)当 POWER 键按下时，仪表电源被接通；POWER 键处于弹起状态时，仪表电源关闭。使用时先检查 9V 电池电压，如果电池电压不足，屏幕显示"🔋"或"BAT"，此时，应及时更换电池，如果电池正常则进入工作状态。

(2)测试表笔插孔旁边有一个 ⚠ 符号，它表示输入电压或电流不应超过此标示值，以免内部线路受到损坏。

(3)测试前，应将功能开关置于所需量程上。

(4)不要超量程使用。

(5)不要在电阻挡或"🔛"挡接入电压信号。

(6)在电池没有装好或后盖没有上紧时，请不要使用此表。

(7)只有在测试表笔从数字式万用表移开并切断电源后，才能更换电池和熔丝，并注意 9V 电池的使用情况。如果需要更换电池，应使用同一型号的电池，更换熔丝时，也应使用相同型号的熔丝。

2. 认识兆欧表

图 1-41　兆欧表

兆欧表又称摇表，主要用于测量电动机、电器、线路等的绝缘电阻，通常分为 500V 和 1000V 两种。在测量低压线路的绝缘电阻时，应选用 500V 的，其外形如图 1-41 所示。若用万用表测量线路中的绝缘电阻，测得的仅仅是低电压下的绝缘电阻，不能真实地反映线路在高电压工作条件下的绝缘性能。而兆欧表本身就是一个手摇发电机，能产生 500～5000V 的高压电，因此，在照明线路、380V 的电动机等电器中，用兆欧表测量的绝缘电阻符合实际工作条件。

1)使用前

兆欧表使用前应先进行校验，将兆欧表放平，将测量表笔分开或暂时不接，摇动手柄几圈，表针应该指向"∞"，如图 1-42(a)所示，然后将测量表棒相互接触，再摇几圈手柄，正常情况下指针应指向"0"位，如图 1-42(b)所示。经校验确定兆欧表完好后，方可进行测量。

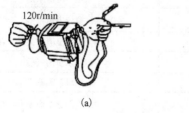
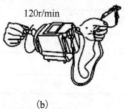

(a)　　　　　　　　　　(b)

图 1-42　检验兆欧表的方法

2）使用时

左手握住兆欧表，右手摇动手柄（图1-43），转速应均匀，保持每分钟约120转，否则测出的数据不正确。兆欧表测量的数值是一个范围，而不是一个精确的数值。

图1-43　兆欧表操作方法

3）测量电源线路绝缘电阻

在单相线路中，需要测相线与零线（中性线）、相线与接地线之间的绝缘电阻，如图1-44所示。图1-44（a）是测相线与零线的绝缘电阻；图1-44（b）是测相线与接地线之间的绝缘电阻。线路的绝缘电阻不得小于0.5MΩ

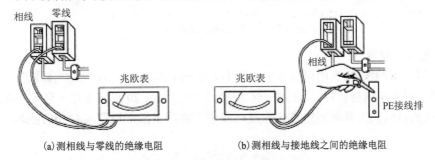

（a）测相线与零线的绝缘电阻　（b）测相线与接地线之间的绝缘电阻

图1-44　兆欧表测线路的绝缘电阻

4）测量电动机绝缘电阻

各相绕组之间的绝缘电阻以及绕组与电动机外壳之间绝缘电阻的测量如图1-45所示。图1-45（a）是测量绕组之间的绝缘电阻；图1-45（b）是测量绕组与电动机外壳之间的绝缘电阻。绝缘电阻不得小于0.5MΩ。

（a）

（b）

图1-45　测量电动机绝缘电阻

5）注意

（1）测量线路绝缘电阻时，必须先切断电源，确保安全。

（2）测量电动机绝缘电阻时，必须先断开电动机的连接线。

（3）摇动兆欧表手柄时，测量棒有500～5000V的电压输出，手不可以触摸，以避免触电。

（4）兆欧表上"L"表示线路接线端子；"E"表示接地接线端子；"G"表示测量电缆时用的屏蔽接线端子。

3. 活动设计

（1）用万用表测量电池的直流电压、电源插座的交流电压、电阻阻值、电容容量和导线通断。

（2）用兆欧表测量照明线路的相线和零线（中性线）、相线与接地线之间的绝缘电阻。

（3）用兆欧表测量电动机的绝缘电阻。

任务2　日光灯电路的安装、调试与维修

本任务是用护套线线路完成单管日光灯电路的安装。在安装过程中，学生将了解日光灯的发光原理，熟悉日光灯的品种规格、整流器的选配，掌握日光灯的电气线路图以及相关的图形、文字符号，进一步掌握相关用电安全知识。图1-46（a）是日光灯线路电气原理图，图1-46（b）是日光灯护套线线路的安装实物图。

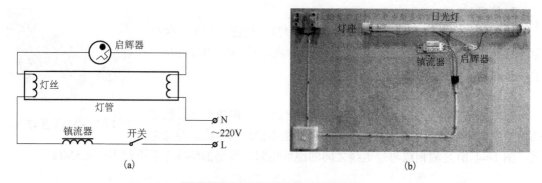

图 1-46 日光灯电路及安装实物图

1. 日光灯的安装

日光灯安装时需要用到的材料有安装板(1200mm×600mm)、1mm² 护套线若干、1mm² 多股软导线若干、0 号钢精轧片、熔断器、86 型接线盒与开关、20W 日光灯一套等,如图 1-47(a)所示;用到的材料与工具有万用表、卷尺以及电工常用工具,如图 1-47(b)所示。

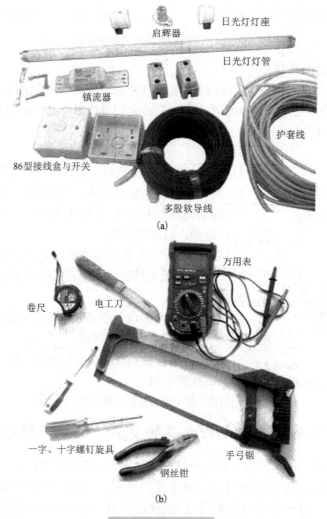

图 1-47 材料与工具

日光灯安装的步骤如下。

1)标划安装位置

据任务要求在安装板上标划出熔断器、接线盒、开关、日光灯的位置，标划出护套线的走向以及线卡的位置，如图 1-48 所示。

2)固定开关、敷设护套线

(1)固定熔断器、接线盒，方法同任务 1 中的相关内容。

(2)敷设护套线线路，方法同任务 1 中的相关内容。

3)安装日光灯

(1)日光灯灯座的安装与接线。

① 日光灯灯座两个为一套，其中一个为固定式，另一个为带弹簧的活动式，其功能是便于日光灯灯管的安装。无论固定式还是

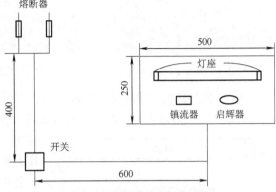

图 1-48　标划出安装位置(单位：mm)

活动式，其安装、接线方法相同。安装日光灯灯座前，先确定日光灯灯座的位置(根据日光灯灯管长度确定)，画出两灯座的固定位置。

② 旋下灯座的铁支架与灯脚间的连接螺钉，取下铁支架，如图 1-49 所示。用木螺钉将两个铁支架固定在安装板上。

③ 以灯管 2/3 的长度截取四根 $1mm^2$ 多股软导线作为日光灯电路的接线，用剥线钳剥去导线线端的绝缘层，绞紧线芯，以略大于压线螺钉的直径制作一个压线圆圈，如图 1-50 所示。

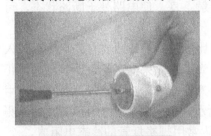

图 1-49　取下灯座铁支架

图 1-50　灯座的接线

注意：上述两个灯座一个为固定式，一个为活动式，在灯座接线时要注意，活动式灯座内有弹簧，接线时应先放松灯座上方的螺钉使灯脚与外壳分离，接线完毕后恢复原状，导线应串在弹簧内，如图 1-51 所示。

图 1-51　活动式灯座接线方法

④ 恢复灯脚支架与灯脚的连接，将灯脚引线沿灯脚下端缺口引出，旋紧灯脚支架与灯脚的紧固螺钉。

(2)镇流器、启辉器的安装与接线。

① 根据图 1-52 所示位置固定日光灯镇流器。根据日光灯原理图，将一端灯座中的一根引线接入镇流器的接线端，另一接线端与电源接线相连。

② 根据日光灯原理图，分别从两个灯座中各取出一根导线与启辉器连接，如图 1-53 所示。启辉器接线完成后，用木螺钉将启辉器座固定在安装板上。

③ 将启辉器插入启辉器座内，顺时针方向旋转 60° 左右，如图 1-54 所示。

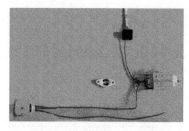
图 1-52　镇流器的安装与接线

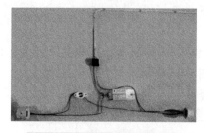
图 1-53　启辉器的接线与固定

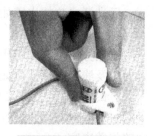
图 1-54　启辉器的安装

④ 日光灯管由玻璃外壳、灯丝引脚、灯脚等组成，如图 1-55 所示。安装时先将灯管的灯丝引脚插入活动灯座内(有弹簧)的灯丝插孔，然后推压灯管，让灯管的另一端留有一定的空间，

图 1-55　日光灯结构

将另一灯管灯丝引脚对准固定式灯座的灯丝插孔，利用弹簧力的作用使其插入灯座内。然后按日光灯原理图将电源线接入日光灯线路中。至此，本任务的日光灯安装完成了，如图 1-46(b)的实物图所示。

2. 调试

(1)通电前检查。通电前的线路检查可参照任务 1 中的相关内容。

(2)通电检验。接通开关，观察日光灯的启动及工作情况。正常情况应看到日光灯灯管在闪烁数次后被点亮。

3. 日光灯线路常见故障与维修

故障现象 1：日光灯不能发光。

故障分析及检修：造成上述现象的一般原因是灯座接触不良，使电路处于断路状态，可用手将两端灯脚推紧，如图 1-56 所示。

如果还不能正常发光，应检查启辉器。检查方法采用比较法：将该日光灯的启辉器装入能正常发光的日光灯中，重新接通电源，观察能否点亮日光灯，如果能亮，证明该启辉器正常，反之应更换启辉器。如果启辉器是完好的，应检查日光灯灯管。将日光灯灯管拆下，用万用表电阻挡分别测量灯管两端的灯丝引脚，如图 1-57 所示，正常阻值为十几欧姆，如果测出的电阻为无穷大，说明灯丝已烧断应更换灯管。表 1-8 为常用规格灯管的冷态电阻值。

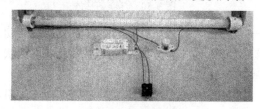
图 1-56　灯座接触不良

图 1-57　用万用表测量灯丝引脚

表 1-8　常用规格灯管的冷态电阻值

灯管功率/W	6～8	15～40
冷态电阻/Ω	15～18	3.5～5

当灯管正常，日光灯出现灯管闪烁一下即熄灭，然后再也无法启动时，往往是镇流器内部线圈短路。可用万用表电阻挡测量确定，如图 1-58 所示。若测出的电阻基本为零或无穷大，应更换镇流器。表 1-9 为镇流器冷态时的电阻值。

图 1-58　检测镇流器

表 1-9　镇流器的冷态电阻值

镇流器规格/W	6～8	15～20	30～40
冷态电阻/Ω	80～100	28～32	24～28

故障现象 2：灯管一直闪烁。

故障分析及检修：造成上述现象的主要原因是启辉器损坏，如启辉器中电容器短路或双金属片无法断开，应更换启辉器。另外，线路中存在接触不良现象，造成电路时断时通(灯座接触不良就会造成上述现象)，应检查线路的各个接点，方法是用万用表按原理图逐点测量，找出故障点，重新连接该接点。

如果本地区电压不稳定，应用万用表测量日光灯电源电压，方法是将万用表置于交流250V 挡进行测量。要解决电压问题，采用交流稳压电源即可，但应考虑电路所带负载的功率。

故障现象 3：日光灯在工作时有杂声。

故障分析及检修：造成上述现象是由于镇流器铁心松动，应更换镇流器，更换时应注意镇流器的功率应与日光灯功率匹配。

4. 活动设计

(1)按上述日光灯安装步骤，在安装板上完成日光灯电路的安装、调试与维修。

(2)教师对学生安装、调试好的日光灯设置一个故障，请学生排除故障。

项目(三)　室内照明系统的安装与调试

引导文

(1)简述照明线路布置图、照明电气接线图的作用。

(2)灯具安装方法的标注代号为 $8-\dfrac{2\times60\times6\times100}{2.7}\mathrm{CL}$，请解释它的含义。

(3)某一照明线路中，仅有一盏灯不亮，请分析可能产生的故障有哪些？

(4)照明线路有哪几种检查方法，可用哪些仪器仪表进行检测？

任务 1　照明电气图的识读

熟悉、了解民用建筑照明设计标准、低压配电设计规范，熟悉照明电气接线图以及电气照明常用的图形符号、文字符号和标注代号。

1. 识读照明电路原理图

图 1-59 为照明灯单元电路图。图 1-59(a)为一控一照明灯电路图；图 1-59(b)为一控二并照明

灯电路图，两盏并联照明灯的额定电压为电源电压；图 1-59(c) 为二控一照明灯电路图；图 1-59(d) 为一控二串照明灯电路图，两盏照明灯为串联连接，照明灯泡额定电压为 1/2 的电源电压。

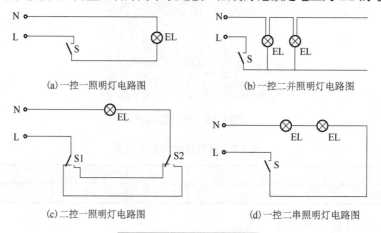

图 1-59　照明灯单元电路图

2. 识读照明线路布置图

假设有一个 15m² 的房间，需要安装二控一照明灯与一个插座，开关、灯、插座塑料线槽的走向等的布置如图 1-60 所示，具体位置如图 1-61 所示。

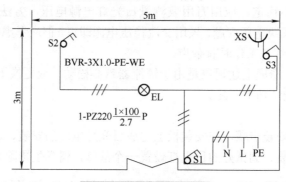

图 1-60　照明线路布置图

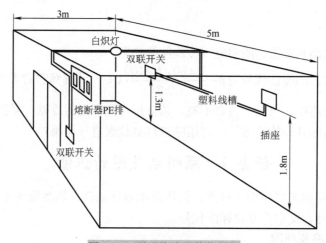

图 1-61　照明线路具体位置图

　　在照明线路布置图中，可用标注代号来标注线路的形式、灯具、线路安装的方式，施工人员则根据标注代号进行安装。如图 1-60 中标注的 BVR-3X1.0-PE-WE 即为一种线路的标注方法，其含义如图 1-62 所示。

　　图 1-60 中标注的 1-PZ220$\dfrac{1\times100}{2.7}$P 是一种照明灯具的标注方法，其含义如图 1-63 所示。

图 1-62　BVR-3X1.0-PE-WE 含义　　　　　图 1-63　1-PZ220$\dfrac{1\times100}{2.7}$P 含义

　　图 1-60 是由图形符号、文字符号和标注代号组成的电气照明平面图，它基本说明了开关、灯具、熔断器、插座的安装位置，塑料线槽的走向，线槽内的导线根数和截面积，也说明了灯的型号、安装方式和高度位置。表 1-10 为线路敷设方式的标注符号，表 1-11 为线路敷设部位的标注符号，表 1-12 为照明器安装方式的标注符号。

表 1-10　线路敷设方式的标注符号

配线方式	符号	配线方式	符号
暗敷	C	阻燃塑料管敷设	PVC
明敷	E	金属线槽敷设	MR
铝皮线卡敷设	AL	钢管敷设	S
电缆桥架敷设	CT	塑料管敷设	P
瓷瓶绝缘敷设	K	塑料线槽敷设	PR

表 1-11　线路敷设部位的标注符号

敷设部位名称	符号	敷设部位名称	符号
梁	B	构架	R
顶棚	CE	吊顶	SC
柱	C	墙	W
地面	F		

表 1-12　照明器安装方式的标注符号

安装方式	符号	安装方式	符号
线吊装	CP	嵌入式	R
管吊装	P	支架安装	SP
壁装	WR	柱上安装	CL

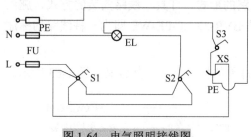

图 1-64　电气照明接线图

3. 识读电气接线图

图 1-64 所示为电气照明接线图,它表示电气的接线方式,尤其是同一个节点的连接方法,或其节点放在何处。例如,图中开关 S3 的相线怎么接(相线既可以接到灯座内,也可以接到熔断器下端口),在图 1-64 中规定了相线必须接到灯座内的相线桩头上。这些问题在设计线路走向时必须充分予以考虑,而施工人员在接线时也必须按图施工。

4. 活动设计

(1)画出二控一白炽灯的电气原理图。

(2)学生讨论:BV-3×4-PR-W 标注代号表示这段线路采用的导线为聚氯乙烯铜芯导线,导线为_____根,截面为_____,安装方式为_____,安装部位为_____。

(3)根据图 1-60 简述照明灯、插座的安装方式。它采用什么形式的线路?照明灯采用了怎样的灯具?安装的高度是多少?

任务 2　室内照明系统安装与调试

本任务根据某电气照明线路设计图(图 1-65)进行安装与调试。照明线路中含有二控一白炽灯一盏(功率为 100W),带 PE 保护接地的单相电源插座一只(可带负荷为 1500W),在线路中具有短路保护和接地保护作用,照明线路采用塑料线槽。要求学生在一块约 85mm 宽、1200mm 长的安装板上进行训练。图 1-65(c)是已完成的实样。要求学生根据电气照明图选配各种材料,能合理选择线路中所需的导线、开关、插座等器件,并能独立策划安装。最后由教师设置一两个故障,学生根据故障现象进行分析、排除。

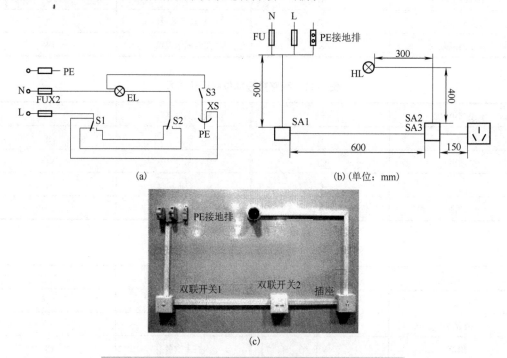

(a)

(b)(单位:mm)

(c)

图 1-65　二控一白炽灯带单相电源插座原理、布局、实物图

1. 多功能照明线路的安装

根据图 1-65 准备相应的材料，表 1-13 所列材料清单是在安装板上进行实训的材料器件。

表 1-13　多功能照明线路材料清单

名称	规格(型号)	数量
安装木板	1200×850	1 块
塑料线槽	30×40	3m
熔断器	RCA1(10A)	2 只
一位双联开关	86 型	1 只
两位双联开关	86 型	2 只
开关盒	86 型	3 只
圆木	3 寸(3×2.54cm)	1 只
螺口平灯座	E27/35×30	1 只
塑铜导线	1×1.13	若干
木螺钉	4×30	若干
PE 接线排	自制	1

多功能照明线路安装步骤如下。

1) 在安装板上划线定位

根据电气照明布置图确定进线电源、熔断器、PE 接地排、开关、灯座、插座的位置，在安装板上划线并做好记号。本任务可选用 1200mm×850mm 的实训安装板，划线定位的尺寸参考图如图 1-66 所示。

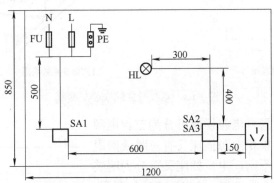

图 1-66　安装板上划线定位(单位：mm)

2) 在底板上固定各器件

将熔断器、灯座、插座、开关等固定在底板相应位置上。如果在安装板上安装，则可用木螺钉直接将其固定在安装板上。

3) 布线

根据各段线槽的长度布线，将 1×1.13mm 的塑铜导线放入塑料线槽内，在线槽两端适当留有与各电器连接的余量，布线完成后即可盖上线槽盖。

4) 电气线路的安装

根据综合照明电气线路图进行接线（图 1-65（a）），其中单联开关、灯座、熔断器的安装和接线等内容在前述任务中已有介绍，这里不再赘述。本任务主要介绍双联开关、电源插座的安装和接线等。

（1）双联开关的安装与接线。二控一照明线路使用的是双联开关，双联开关有 3 个接线端，如图 1-67 所示，其中中间一端为公共端，两边分别为开关的接线端，当开关扳向下方时，接通中间与下方接线端；当开关扳向上方时，接通中间与上方接线端。根据原理图将导线分别接入接线端，如图 1-68 所示。

（2）单相三眼插座的安装与接线。先安装插座的底座，然后接线，规定单相三眼插座的接线原则为"左零右相上接地"，将导线分别接入插座的接线桩内，如图 1-69 所示。特别要注意的是接地线的颜色（根据规定，接电线必须为黄绿双色线）。插座接线完成后，将插座盖固定在插座底座上。

开关接线端　　　　开关接线端

公共端

图 1-67　双联开关

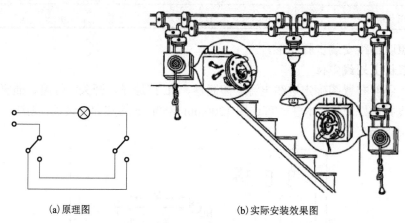

(a)原理图　　　　　　(b)实际安装效果图

图 1-68　双联开关的安装与接线

根据电源电压的不同，电源插座可分为三相电源插座和单相电源插座，单相电源插座又有三眼或两眼之分。根据安装形式的不同，电源插座又可分为明装式和暗装式两种。图 1-70 是三相、单相插座的外形图。在图 1-71 所示的照明接线图中可以看出，它采用了单相接 PE 排的三眼插座，并由开关 S3 控制。

接线完成后经复查确认正确无误，二控一白炽灯与电源插座的接线、安装即完成。

2. 通电前的线路检测

任何线路接线完成后，必须做一次通电前的检查，以防接线错误而引起线路短路等故障，造成不必要的事故。

相线
220V
零线
接地

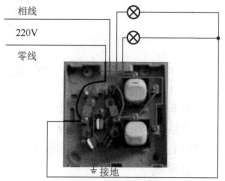

线到螺丝位置，均接到螺丝接线柱上

图 1-69　单相三眼插座的接线

图 1-70 三相、单相插座的外形图

(1)用万用表电阻 R×1 挡检查电路是否短路。检测前,不安装熔断器盖,即不引入电源,将两表笔分别置于两个熔断器的出线端(下桩头)进行检测,如图 1-72 所示。同时拨动各个开关,观察万用表的数值,万用表的读数要么无穷大,要么为白炽灯的冷电阻(一般为几百欧姆),从而判断线路是否有短路现象。

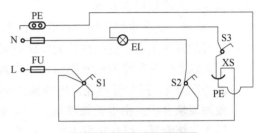

图 1-71 照明线路接线图

(2)如果开关无论处于断开还是闭合位置,万用表的读数始终为无穷大,则说明线路存在开路现象。

(3)用万用表电阻 R×1 挡检查 PE 保护接地线与三眼插座的上端孔连接是否可靠。

3. 通电检查

(1)照明二控一白炽灯的检查。通电前先安装熔丝,并将其插入熔断器座,接上 220V 交流电源,分别拨动两个双联开关控制白炽灯的亮、暗。观察是否起到二控一的效果。

(2)单相三眼插座的检查。将万用表置于交流 250V 挡,两表棒分别插入相线与零线两孔内,如图 1-73 所示。万用表的正常读数为交流 220V 左右,再将零线一端的表棒插入接地孔内,应显示同样的交流电压数值,如果此时显示为零,说明接地线没有接好。接地线是保证人们在使用电器设备时的有效安全措施,它直接与设备的外壳相连,一旦设备外壳带电,可通过接地线形成短路使熔体立即熔化。发现问题时先切断电源,避免触电事故的发生,所以保护接地线一定要可靠正确连接。

图 1-72 用万用表检查线路

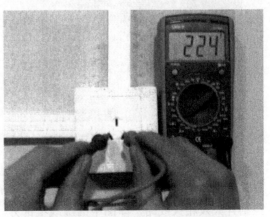

图 1-73 用万用表检查插座的交流电压

任务 3　照明线路故障维修

照明线路在运行中，因各种原因会出现一些故障，如线路老化，开关、灯座、灯泡、插座等电器部件的损坏。线路接触不良也会引起照明线路故障。

排除照明灯及照明线路的故障通常可分为如下三个步骤。

(1) 了解故障现象。在维修时首先应了解故障现象，这是保证整个维修工作顺利进行的前提。了解故障现象可通过询问当事人、观察故障现场等手段获取。

(2) 故障现象分析。根据故障现象，利用电气原理图及布置图进行分析，确定造成故障的大致范围，为检修提供方案。

(3) 检修。通过检测手段，如用验电器、万用表等工具来检测线路，从而确定故障的发生点，针对故障发生点，找出损坏的线路或元器件进行维修或更换。

下面以本任务线路为例介绍照明线路具体的维修方法。

故障现象 1：照明灯不亮，电源插座不能正常供电。

故障现象分析：由电气原理图分析可知，造成上述故障现象的原因应在电源进线部分。对于插入式熔断器，可直接取下熔断器盖，观察检查熔丝是否已被熔断。也可用验电器检查，即用验电器分别测试两熔断器的下桩头，如图 1-74 所示。正常情况是在相线(火线)端，验电器应发出辉光，零线端应不发光，如果测出的情况与上述现象不同说明熔断器熔丝熔化，应更换熔丝。

另外，也可用万用表进行测量。将万用表置于交流 250V 挡，两表棒置于两个熔断器的上桩头，查看表内有无电压，正常应为 220V，如果电压为零说明电源进线有故障或熔丝熔断，这时可继续用万用表检查熔断器的上桩头交流电压，检查电源进线是否有故障。图 1-75 是用万用表交流挡检测熔断器上桩头的电压。如果测出交流电压为零，说明电源进线有故障，如果测出电压为交流 220V，说明熔丝已被熔断。拨出熔断器盖检查熔丝，如果熔丝已断，更换即可。

图 1-74　用验电器检查熔丝是否熔断

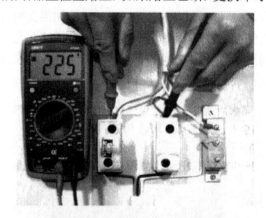

图 1-75　检测熔断器上桩头的电压

故障现象 2：照明灯不亮，电源插座供电正常。

故障现象分析：由图 1-76 所示的电气原理图分析可知，造成上述现象的原因应在灯泡、控制开关及相关线路，即图中的虚线框部分。通常情况下，线路故障较为少见，而白炽灯钨丝烧断的可能性最大。所以，首先检查白炽灯灯泡中的钨丝，如果钨丝烧断则更换同一电压、功率等级的灯泡即可。

如果白炽灯的钨丝没有烧断，则检查开关，带电操作时可用验电器顺着火线 L 分别测量控制开关进出桩头，在开关闭合位置，验电器均应发光，如果验电器在一端发光在另一端不发光，则说明开关损坏，应更换开关。如果开关没有损坏，则应检查灯座，灯座故障一般发生在中心舌头偏低位置，可能与白炽灯的灯头电接点接触不良，可用小的螺钉旋具将中心舌头往上拨动一下，如图 1-77 所示。

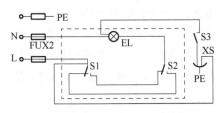

图 1-76　加虚框部分为故障区域

图 1-77　灯座中心舌头的简易修复

如果灯座也没有故障，应检查线路部分。根据原理图及线路的走向，用验电器逐点检查，正常情况是在相线的各点中验电器均应发光，在零线的各点中均不发光。若测试情况与上述相反，说明该段线路有故障。一般情况下，导线在中间断裂的可能性很小，故障一般出现在导线与导线的连接处，或开关、插座等桩头连接处，这些部位应重点检查，发现故障应进行更换。

活动设计

(1)按上述任务内容，在安装板上独立完成具有二控一白炽灯，带开关、PE 接地的单相电源插座的室内照明线路的安装。

(2)由教师在学生已完成的本次任务的基础上，设置两个故障，学生根据故障现象，进行书面分析，然后进行故障排除。

1.4　考核建议

考核建议见表 1-14。

表 1-14　考核建议

职业技能考核		职业素养考核	
要求 1	按图 1-20 的要求安装照明灯	安全	按安全用电要求进行操作
教师评价			
要求 2	对一控一白炽灯照明线路进行通电前后的调试	文明操作	(1)器件是否有损坏 (2)是否发生事故 (3)是否有不文明行为
教师评价		教师评价	

1.5　知识拓展

1. 不同场合中的导线安全载流量

导线用来传送电流，但是当通过的电流超过导线的允许范围，导线就会发热，甚至将绝缘层烧毁，导线线芯熔化、烧断，甚至引发火灾。那么，导线承受多大的电流是安全的，这不仅与导线的截面积大小有关，还与导线的敷设形式有关。截面积越大，通风散热越好，能承受电流的载流量就越大，明装敷设就比管线线路的载流量大。表1-15是塑料绝缘导线的型号、规格、安全载流量。表1-16是铜芯护套线的型号、规格、安全载流量。表1-17是多股软线的型号、安全载流量。

表 1-15　塑料绝缘导线的型号、规格、安全载流量

线芯的截面积 /mm²	规格(铜芯) [线芯股数/(单股直径/mm)]	型号	钢管线路安全载流量/A		塑管线路安全载流量/A	
			一控二线	一控三线	一控二线	一控三线
1.0	1/1.13	BV-70	12	11	10	10
1.5	1/1.37	BV-70	17	15	14	13
10.0	7/1.33	BV-70	56	49	49	42
25.0	7/2.12	BV-70	93	82	82	74

表 1-16　铜芯护套线的型号、规格、安全载流量

线芯的截面积 /mm²	规格(铜芯) [线芯股数/(单股直径/mm)]	型号	二线铜芯安全载流量/A	三线铜芯安全载流量/A
0.5	1/0.75	BVV-70	7	4
1.0	1/1.13	BVV-70	13	9.6
1.5	1/1.37	BVV-70	17	10
2.5	1/1.76	BVV-70	23	17

表 1-17　多股软线的型号、安全载流量

线芯的截面积 /mm²	规格(铜芯) [线芯股数/(单股直径/mm)]	型号	二线铜芯安全载流量/A	三线铜芯安全载流量/A
0.5	1/0.75	BVV-70	7	4
1.0	1/1.13	BVV-70	13	9.6
1.5	1/1.37	BVV-70	17	10
2.5	1/1.76	BVV-70	23	17

2. 护套线敷设工艺

1)护套线线路

采用护套线敷设的线路称为护套线线路。护套线绝缘层材料采用聚氯乙烯塑料。它以护套线芯线的多少分为双芯、三芯、四芯等多种；以护套线芯线的股数多少分为单股和多股两种，单股为硬线，多股为软线。用于照明线路的护套线一般用双芯、三芯的硬线，其规格型号为2×1/1.13或3×1/1.13等，其中2、3表示双芯、三芯，1表示单股，1.13表示导线的直径。

护套线线路不仅施工简单方便，而且整齐美观，经济实用，防潮、耐酸和防腐蚀，可直接敷设在建筑物的表面。护套线适用于明敷线路，不适宜直接埋入抹灰层内暗配敷设，也不适宜在户外露天长期敷设，更不适宜应用于大容量电路的配线。

2) 护套线线路安装工艺

安装护套线线路的若干规定如下。

(1) 户内使用时，护套线线路的护套线铜芯线最小截面积不得小于 $1mm^2$，户外使用时，则不得小于 $1.5mm^2$。

(2) 在护套线线路中不可采用导线与导线直接连接，应采用接线盒或借用其他电气装置的接线端子来连接导线，如图 1-78 所示。图 1-78(a) 为护套线在电气装置上进行中间或分支接头，图 1-78(b) 为护套线在接线盒上进行中间接头，图 1-78(c) 为护套线在接线盒上进行分支接头。

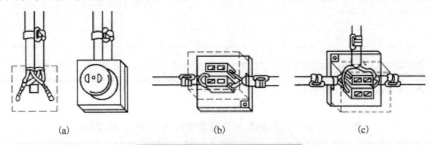

(a)　　　　　　　　　(b)　　　　　　　　　(c)

图 1-78　护套线线路中导线连接

(3) 护套线线路的离地最小距离不得小于 150mm，在穿越楼板的一段以及在离地 150mm 部分的导线，应加钢管进行保护，以防导线遭到损伤。

(4) 护套线线路在同一平面转弯时，应先将导线勒平后，再弯曲成形，折弯半径不得小于导线直径的 3～6 倍，太小会损伤线芯，太大会影响美观。折弯处的两边都需用钢精轧片夹持。

(5) 护套线进接线盒、圆木时，应保持护套层完整，在接线盒内留有 10mm 的护套层，同时在接线盒、圆木进线处开有相应的缺口。

3) 钢精轧片的规格和安装规定

钢精轧片以不同的号码来表示大小，常用的号码有 0 号、1 号、2 号、3 号等多种，0 号最小，号码越大表示钢精轧片越大，能夹持的护套线越多。本任务采用 0 号钢精轧片。在固定钢精轧片前，先需设计其钢精轧片的安装位置。支持护套线的钢精轧片安装时的规定如下。

(1) 直线部分：两支持点的距离为 120～200mm。

(2) 弯角部分：钢精轧片距离弯角顶点的距离为 50～100mm。

(3) 起始部分：护套线线路的起始端或进接线盒、进灯座的圆木时，一般距离为 50mm，均需安装一个钢精轧片。

3. 导线、熔丝的规格及选用

照明线路中的导线、熔丝大小的选用应根据照明线路的容量来确定，线路的容量是指线路中能承受的负载，所以线路负载的大小决定了线路电流的大小。通常，可以通过计算来求得其电流的数值，为选择导线和熔丝提供依据。

【例】　某一交流电压为 220V 的线路，采用明装护套线敷线，在该线路上装有 1000W 碘钨灯两盏，500W 碘钨灯两盏。问当这些灯全点亮时，线路中的电流为多少？选用哪种规格的导线和熔丝最为合适？

【解】　　$P = P_1 + P_2 = 1000 \times 2 + 500 \times 2 = 3000(W)$

线路中电流为

$$I = \frac{P}{U} = \frac{3000}{220} \approx 13.6(A)$$

根据计算可得线路电流为 13.6A，再根据表 1-18 可查得，若选用截面积为 1.0mm² 的导线，在明敷线路安装情况下其安全载流量为 17A，可以在上述线路上使用；若采用护套线线路则应选用截面积为 1.5mm² 的护套线，其安全载流量为 17A，可以在上述线路上使用；根据表 1-19 可查得，熔丝可选用直径为 1.98mm 的铅锡合金熔丝，其额定电流为 15A，较适合上述线路。

表 1-18　常用铜芯导线的规格、安全载流量

线芯截面积/mm²	线规(根数/线芯直径/mm)	明敷安全载流量(绝缘层为塑料)/A	护套线安全载流量(绝缘层为塑料)/A	钢管安装安全载流量(绝缘层为塑料)/A
1.0	1/1.13	17	13	12
1.5	1/1.37	21	17	17
2.5	1/1.76	28	23	23
4.0	1/2.2.4	35	30	30

注：常用的型号有 BV，为聚氯乙烯绝缘导线。

表 1-19　常用熔丝的规格及额定电流(铅 75%，锡 25%)

直径/mm	熔断电流/A	额定电流/A	220V 线路中用电器的最高功率/W
0.52	4	3	400
0.71	6	3	600
0.98	10	5	1000
1.25	15	7.5	1500
1.67	22	11	2200
1.98	30	15	3000
2.40	40	20	4000

4. 日光灯的组成和工作原理

1) 日光灯的组成

日光灯又称荧光灯，是一种应用较为广泛的电光源。日光灯由灯管、镇流器、启辉器、灯座等组成。灯管由玻璃管、灯丝、灯丝引脚等组成，参见图 1-55。玻璃管内壁涂有荧光材料，管内抽成真空后充有少量的汞和惰性气体，灯丝上涂有电子发射物质。启辉器由氖泡、电容器、外壳等组成，如图 1-79 所示。氖泡内充有氖气，并装有动触片和静触片，动触片为双金属片，有受热弯曲的特性。

镇流器由铁心、电感线圈等组成，如图 1-80 所示。镇流器的主要作用是限制通过灯管灯丝的电流，延长灯管的使用寿命，以及产生脉冲电动势使日光灯迅速点亮。上述的灯管、启辉器、镇流器在使用时均要配套选用。

2) 日光灯的发光原理

在接通电源的瞬间，电源沿日光灯管两端的灯丝，经启辉器、镇流器、电源构成回路，使灯丝预热并发射电子。同时在电压作用下使启辉器内的动、静触片间产生辉光放电而发热，动触片受热弯曲与静触片接通，两触片间的电压为零，双金属片冷却复位，使动、静两触片又分断，在两触片分断瞬间，电路中形成一个触发，使镇流器两端产生感应电动势，出现瞬间的高压脉冲。在脉冲电动势的作用下使灯管内惰性气体被电离而引起弧光放电。随着弧光放电的发生，灯管内温度升高。上述现象重复数次直至灯管内温度使管内液态汞气化电离，引起汞蒸气弧光放电而产生不可见的紫外线，紫外线激发灯管内壁的荧光粉后发出近似荧光的灯光。

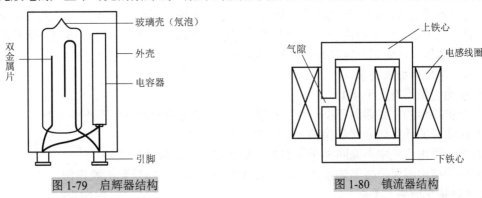

图 1-79　启辉器结构　　　　　　　图 1-80　镇流器结构

5. 日光灯的品种规格

日光灯有多种品种和规格，日光灯灯管规格以功率标称，有 6W、8W、15W、20W、30W 等多种规格。一旦灯管的功率确定，那么在日光灯线路中，所需配套的镇流器、启辉器都应与灯管的功率数配套。

6. 日光灯灯座的种类

日光灯灯座的作用是固定日光灯灯管，有多种类型，最常用的有开启式和弹簧插入式两种，如图 1-81 所示。

（a）开启式　　　　　　　　　　　　（b）弹簧插入式

图 1-81　日光灯灯座的种类

目前整套日光灯架中的灯座都采用开启式，因为它固定方便，不需要使用任何工具，直接插入槽内即可，如图 1-82 所示。

7. 接地与接零

1）接地的作用

所谓接地，就是电气设备和相关装置的某一点与大地进行可靠的电连接，如变压器、电动机、机电设备等的金属体与大地(或中心点)连接。接地的作用主要是保护电气设备和人身的安全。接地可分为工作接地和保护接地等多种。在电力工程中，凡是为了

图 1-82　整套日光灯架中的灯座

防止电气设备及装置的金属外壳因发生意外带电而危及人身和设备安全的接地，称为保护接地。在电力系统中，凡因设备运行的需要而进行接地的称为工作接地。例如，配电变压器的低压侧中心点的接地、发电机输出端的中心点接地等都属于工作接地。

2）接地与接零

接地、接零的全称分别是低压保护接地和低压保护接零，是两种运行于低压电气设备外壳接地的保护形式。在低压供电电网中有中心线接地和中心线不接地两种供电系统。在中心点不直接接地的供电系统中，电气设备外壳接地后不与零线连接而仅与独立的接地装置连接，

这种形式称为低压保护接地。在低压供电电网中中心点直接接地的电系统中，电气设备外壳接地后再与零线连接，这种形式称为低压保护接零。保护接零的作用也是保护人身安全。因为零线的阻抗很小，一旦相线与电气设备外壳相碰，就相当于该线短路，该相的熔断器或自动保护装置动作，从而切断电源起到保护的目的。

3）保护接地的安装要求

（1）接地电阻不得大于4Ω。

（2）保护接地的主线截面不小于相线截面的1/2，单独用电设备应不小于1/3。

（3）接电源的插头要采用带保护接地插脚的专用插头。

（4）统一供电系统中不能同时采用保护接地和保护接零两种形式。

（5）保护接地或保护接零装置在系统中要有保护措施，不能受到机械损伤。

4）保护接零的安装要求

（1）保护接零供电系统中，零线不能安装熔断器，以免在短路电流作用下，造成零线断路，破坏供电线路。

（2）供电线路中的零线应与相线的截面积相等。

（3）供电线路中如果采用漏电保护器，当保护器动作时，要同时将相线和零线切断。

（4）保护接零供电系统中，零线必须按规定采用黄绿相间的多股线芯的导线。

5）接地的类型

在低压电网中接地的方式有5种类型，它们的代号分别是TN-S、TN-C-S、TT-C、TT、IT。图1-83是它们接地方式的系统图。这5种类型的含义如下。

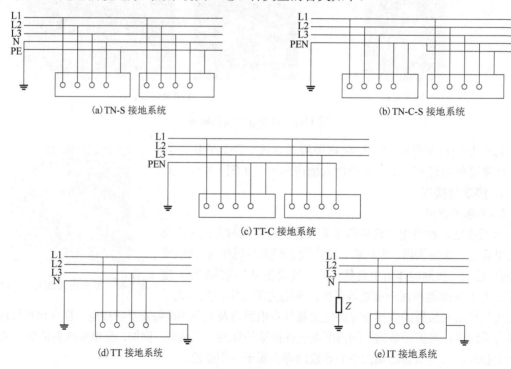

图1-83　低压电网接地类型

（1）TN-S接地系统：零线与接地线有直接电气连接，但是零线与保护接地线分开敷设。

（2）TN-C-S 接地系统：零线与接地线有直接电气连接，但是零线与保护接地线既可共用一条线，又可分开敷设。

(3)TT-C 接地系统：零线与接地线有直接电气连接，但是低压系统中的设备装置与任何接地无关，零线与保护接地线为一条线敷设。

(4)TT 接地系统：零线与接地线有直接电气连接，但是低压系统中的设备装置与大地直接连接。

(5)IT 接地系统：电网系统中所有带电部分与大地绝缘，设备装置与大地直接连接。

以上 5 种接地系统的类型，用几个字母来表示，各字母的含义为：第一个字母表示低压系统对地的关系，T 表示一点直接接地，I 表示所有带电部分与大地绝缘；第二个字母表示装置设备的可导电部分对地的关系，T 表示与大地有直接的电气连接而与低压系统的任何接地无关，N 表示与低压系统的接地点有直接的电气连接，第二个字母后面的字母表示零线与保护接地线的组合情况，S 表示分开，C 表示公用的，C-S 表示有部分是公用的。

8. 照明电气线路的检测

为了保证照明电气线路的安全可靠，每次照明电气线路安装完毕后，都必须经过严格的检测，当线路检验合格后，方可通电调试，调试合格后，方可投入使用。照明电气线路的检测方法如下。

(1)安装质量检验：通常采用人工复测的方法。例如，检验线路各支持点是否牢固，一般采用手工拉攀检查，同时可检查线路的走向是否正确、合理。

(2)线路的绝缘电阻检验：本任务在检测照明线路时，采用万用表检查线路是否存在短路或断路。这仅仅是在没有通入交流电 220V 的前提下，检查线路正常与否。用这种方法无法检测照明线路在通入交流电 220V 后，线路中是否存在因绝缘不良而造成的短路。为了照明线路的可靠运行，应采用高阻摇表来检测。在项目(一)中对摇表的操作应用已做过详细介绍，这里不再赘述。

在照明电气线路中需测试相线与中性线、相线与保护接地线(PE 接线排)之间的绝缘电阻(特别注意：在测试前一定要确认照明线路是没有电的)。所以测试的第一步是卸下线路中的熔断器盖，第二步是卸下线路上的用电设备，如灯泡、插座上的各类电器设备。确认上述第一步、第二步完成后，方可进行测量。将摇表的两根测量线分别接入熔断器的下接线桩，对相线与零线进行测量，如图 1-84(a)所示。然后测量相线与 PE 接线排之间的绝缘电阻，如图 1-84(b)所示。塑料线槽线路绝缘电阻一般不低于 0.22MΩ 为正常，线路绝缘电阻正常后方可通电进行调试。

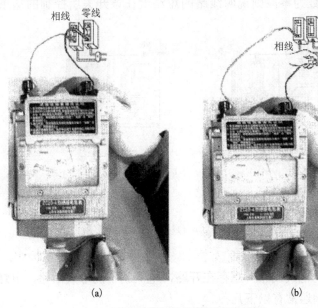

(a)　　　　　　　　　　　　　　　(b)

图 1-84　测量线路的绝缘电阻

9. 线路常见故障和维修

1) 线路短路与检修

短路俗称碰线，线路中如果有短路现象，会使熔断器熔断，这就是短路故障。一旦线路中出现短路，导线中的电流会急剧增大，如果熔丝选择不当，导线会发热、烧毁，甚至引起火灾，后果不堪设想。通常，引起线路短路的有如下几种情况：导线陈旧，绝缘层损坏，灯座、灯座接线盒、开关、开关接线盒等接线桩螺钉松脱，造成相线与零线相碰，引起短路。

检修照明线路短路的关键是找出短路的故障点。用校验灯来替代熔丝是一种常用的检修方法。首先让线路中所有的开关放在断开位置，然后拔去一个熔丝盖(确保另一个熔丝是完好的)，在熔断器的上下桩头间串接一个 100W 的白炽校验灯，如图 1-85(a)所示，将开关逐个闭合，并仔细观察白炽校验灯的亮暗情况。如果校验灯亮，即表示短路就是在刚才的那个开关所控制的线路上，包括那条线路上的开关、导线、灯座等，从而缩小故障范围，便于找出短路所在处，直到闭合所有的开关，校验灯都不亮或仅有一点暗红，说明线路中的故障已排除。

用校验灯检查照明线路是否存在短路的方法操作简便，寻找故障点快捷。但是，它必须在通电的情况下进行检测，所以在操作时要注意安全，同时要注意到校验灯所用的灯泡就是普通的白炽灯，在操作时易碰破，甚至引起爆炸，所以在用校验灯时，应将灯泡远离操作者的脸部，并要格外小心。除了用校验灯进行线路检测外，还可以用万用表对照明线路进行检测，用万用表检测照明线路必须在确保线路断电的情况下进行。检测时必须先将两个熔丝盖拔下，万用表拨至欧姆挡(R×100)，将两根表棒分别插入两熔丝的下桩头，如图 1-85(b)所示。并将照明线路中的所有控制开关放在断开的位置。正常情况下，万用表的读数为无穷大，然后将开关逐个闭合，并仔细观察万用表的读数，正常情况下，合上一个开关，读数为几十欧姆，再合上一个开关，读数下降一半，再合上一个开关，读数再下降一点。如果合上某一个开关，读数为零，则说明线路的短路就在该开关所控制的那条线路上，可重点检查，寻找故障点。

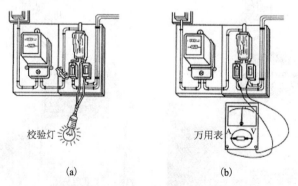

校验灯　　　　　　　　　万用表

(a)　　　　　　　　　　(b)

图 1-85　用校验灯、万用表进行短路检查

2) 线路断路与检修

断路俗称开路，照明电气线路一旦存在开路，电流就不能形成回路，电灯自然就不能点亮。造成线路开路的原因通常有以下几种。

(1)较细的导线易被外力拉、勾引起机械损伤而折断。

(2)导线与电气桩头的连接因日久造成松动。

(3)开关、灯座、插座等电气元件损坏。

(4)导线与导线的连接点因松动造成氧化而接触不良等。

断路检修时一般应先仔细观察、逐段检查，如果发现断路处，进行修复即可。如果难以找到断路处，可用校验灯带电查找断路处，先从熔断器的下桩头开始查起，如图1-86(a)所示。若第一步校验灯亮，而第二步校验灯不亮，说明熔断器下桩头到开关的这条线断路。用这种方法逐条检查线路，从而找出线路的断路处。

除了用校验灯检查照明线路断路外，还可以用万用表进行检测。用万用表检测有两种方法，一是用万用表的交流电压挡(放在交流0～250V挡)，在通电的情况下，通过测量电压的方式来判断其线路中的故障点，方法同校验灯，如图1-86(b)所示；另一种方法是用万用表的欧姆挡(R×100)在切断电源的情况下进行检测，根据线路的走向，逐段、逐条进行通与断的测量，从而找出断线的故障点。

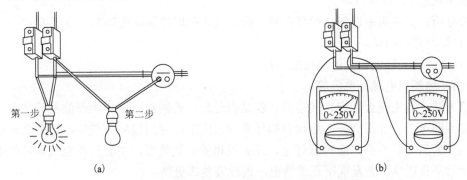

第一步　第二步

0～250V　0～250V

(a)　(b)

图1-86 用校验灯和万用表检查线路中断路的方法

3)线路中的漏电

照明电气线路中部分绝缘体有较轻程度的损坏就会造成漏电，或者照明电气线路受潮也会引起漏电。如果线路中存在漏电现象，触及者轻则有麻手的感觉，重则会有生命危险，切不可大意。通常引起漏电现象如下。

(1)导线与建筑物之间漏电：一般这种漏电情况是由于导线的绝缘层与建筑物之间摩擦而损坏，当受到雨淋后，再与建筑物接触而引起漏电。

(2)电气器件受潮引起漏电：开关、灯座、插座由于安装不妥，日久受潮，造成绝缘电阻下降，当触及建筑物或墙的表面时引起漏电。

(3)电气器件炭化引起漏电：导线与桩头的电接点松动引起发热，造成器件的胶木炭化，绝缘电阻下降，引起桩头与桩头之间漏电，甚至造成断路。

(4)相线与零线之间漏电：由于双绞合导线使用时间长，绝缘电阻下降，受潮时，引起相线与零线间漏电。

引起漏电的因素很多，但总体来说都是由绝缘电阻下降造成的。所以在照明电气设计时要严格按照相关的标准和规范进行；在安装照明电气线路时，要严格遵循相关的工艺要求。

漏电的检修方法。检查漏电主要是检查线路的绝缘电阻，通常可采用摇表对线路进行逐段检查。先将照明线路电源切断并分成若干段，用摇表检查，然后逐段将线路合上，直到找到漏电点，如图1-87所示。若查到某段的绝缘电阻下降，说明该处就是漏电点，然后根据具体情况排除漏电故障，通常是更换电气器件。

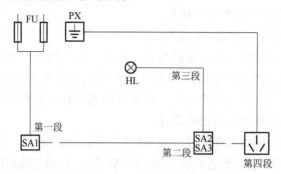

图 1-87　线路分成四段逐段进行检测

10. 白炽灯的故障和检修

1) 故障现象 1：白炽灯不亮

故障分析：在使用中遇到白炽灯突然灭掉，造成白炽灯损坏可能有如下原因。

(1) 白炽灯灯泡断丝。

(2) 灯座、开关等电器的触点接触不良。

(3) 熔丝熔断或电源无电压等。

检修方法：首先检查灯泡，观察其灯丝是否已断。若断丝，则更换新的同等功率、电压等级的灯泡即可。若灯泡完好，应检查熔丝是否已熔断，并用校验灯校验电源是否有电。当排除这些因素后灯仍不亮，应检查灯座、开关等相关电气装置，主要检查电气器件的电触点是否有接触不良现象，若发现不正常情况，进行修复或更换。

2) 故障现象 2：灯泡光忽亮忽暗

故障分析：其可能原因如下。

(1) 灯座、开关等电气器件的电接点松动。

(2) 电源电压波动。

(3) 熔丝似断未断或接触不良。

(4) 导线与导线的连接不牢或氧化引起接触不良。

检修方法：首先观察附近照明灯是否存在忽亮忽暗现象，若都是这样，说明是由电源波动引起的，应请供电管理部门协助解决。若仅仅是某一条分路或个别几个照明灯有该现象，则应检查该分路或与那几个灯相关的线路。陈旧的熔断器往往会因接触不良引起灯泡忽亮忽暗。检查时，只需用手轻轻摇动熔断丝盖即可发现问题。此外，灯座、开关的电触点和节点松动也会引起类似故障，找到故障加以排除即可。

3) 故障现象 3：灯泡发光强烈 (指超过正常的亮度)

故障分析：引起这种故障的原因可能是灯泡的灯丝局部短路，俗称搭丝。

检修方法：若观察到灯丝搭丝，更换新灯泡即可，必须更换同等功率、电压等级的灯泡。

4) 故障现象 4：熔断器的熔丝经常熔断

故障分析：引起这种故障的可能原因如下。

(1) 负载过大。

(2) 熔丝偏细。

(3)线路存在短路。

(4)电气器件的胶木发热炭化引起轻微的漏电。

检修方法：首先检查负载的容量与熔丝的规格是否相符。如果熔丝太细，则根据线路容量允许的范围，适当加粗熔丝，注意千万不可随意加粗熔丝。如果熔丝规格与线路匹配，则应减少负载的容量。熔丝频频熔断的另一个原因可能是电气器件的胶木发热炭化，引起漏电，漏电越严重，熔丝熔断的频度就越高。当胶木发热炭化时，会发出一种臭炭味。所以在检查线路时要特别留意，关注线路中的电气器件是否有臭炭味。查到某电气器件损坏更换即可。

11. 灯座、开关常见故障和检修

1)灯座的检修

灯座分螺口和卡口两种形式。螺口灯座中间有一片弹性很强的铜片，其作用是将电源的相线与螺口灯泡中心的钨丝接点做一个电气连接。若该铜片因弹性较差不能弹起，将造成局部断路。若发现该情况，可断开电源，用螺钉旋具将铜片拨起，如图 1-88 所示。如果铜片表面有氧化物或污垢，应将其处理干净，否则会增加接触电阻，引起发热使铜片弹性退化进一步引发灯座的局部断路。

卡口灯座内装有两只带弹簧的弹性触点，它们往往因弹簧卡死，而使弹性触点缩在里面，不能与卡口式灯泡的两个灯丝连接，如图 1-89 所示。若发现该现象，要断开电源，拆下灯座，将弹性触点内的弹簧修正一下，使触点在弹簧的作用下，能够灵活地伸展，同时应将触点处的污垢处理干净，否则会增加接触电阻，使弹性触点发热，进一步引发灯座的局部断路。

图 1-88　螺口灯座修理

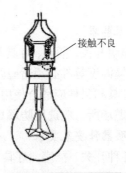

图 1-89　卡口灯座故障

2)照明开关的检修

用于照明电路的开关种类很多，常用的有拨动开关和拉线开关。当今住家居室以 86 型、模数化组合式开关为主。由于 86 型、模数化组合式开关为封闭结构，通常情况下损坏不再维修，以更换为主。

(1)拨动开关的维修。打开拨动开关的盖，可以看到开关的静触点为两片带有弹性的铜片，拨动开关时，动触点的铜片与静触点的铜片接通或断开，从而控制电路的通与断。两片静动铜片往往因日久使用而失去弹性，使动、静铜片接触不良。维修时，先断开电源，确定安全后,用小螺钉旋具把静动铜片向内侧拨动,使静、动铜片接触良好即可,如图 1-90(a)所示。

(a)　　　　　　　　　　　　　　　　　　(b)

图 1-90　开关的修理

(2)拉线开关的维修。拉线开关故障往往是开关的拉线在拉线引出处磨断。维修方法是更换拉线。更换时应先断开电源，确定安全后，先把残留在开关里的残线取出，然后将拉线剪成斜口，从拉线孔由外向内穿，并穿过动片上方的小孔，然后打一个结即可。图 1-90(b)是更换拉线的步骤。

12. 照明装置的安装规程

照明装置的安装，首先是要符合相关规程，其次在安装时要符合正规、合理、牢固、整齐八字要求。

正规：指灯具、开关、插座以及所有附件必须按照国家相关的规程和要求进行安装。

合理：指选用的各种照明器具必须符合技术参数，同时要适用、经济、可靠，安装的位置要符合实际需要，操作、使用要方便。

牢固：指各种照明器具必须安装牢固、可靠，确保使用安全。

整齐：指同一使用环境和同一要求的照明器具要安装平齐竖直，品种规格整齐统一，形式协调。

1) 技术要求

(1)照明开关、插座、灯具等附件的性能参数要适合应用场合，如器件的耐压、额定电流、使用的环境温度等都必须适应匹配的需要。

(2)灯具和附件应适合使用环境的需要，在潮湿、有腐蚀气体的场所应选用防潮灯具，在易爆、易燃场所，应选用防爆灯具。

2) 照明器件安装要求

(1)各种开关、插座、灯具以及所有的附件，都必须安装牢固可靠，必须符合照明电气的安装规范。

(2)壁灯、平顶灯要牢固地敷设在建筑物平面上。吊灯必须安装挂线盒，每一个挂线盒安装一盏吊灯，接线盒与灯头间用多股软线连接，中间不允许有接头。若灯具重量超过 1kg，则应加装金属链。

(3)灯头的距地要求如下。

① 相对湿度经常在 85%以上的，或者环境温度经常在 40℃以上的，又或者环境带有导电尘埃的、地面是导电的这类场所统称为潮湿或危险场所。在这类场所以及户外的照明灯，其距地距离需大于 2.5m。

② 不属于潮湿或危险场所(在一般的办公室、商店、住房等场所)的照明灯，其距地距离可小于 2.5m。

③ 灯座距地不足 1m 的场所使用照明灯时，必须采用 36V 及以下的低电压安全灯。

(4)开关、插座的距地要求如下。

① 通用照明灯开关安装位置距地距离不得小于 1.3m。

② 通用插座安装位置距地距离不得低于 1.8m，特殊场合需低装时，可选用安全型插座，但距地距离不得低于 0.15m。

1.6　教　学　策　略

本学习情境按照行动导向教学法的教学理念实施教学过程，包括资讯、计划、决策、执行、检查、评估六个步骤，同时贯彻手把手，放开手，育巧手，手脑并用；学中做，做中学，学会做，做学结合的职教理念。

1. 资讯

1）教师播放录像

教师首先播放一段有关照明线路电气系统安装与调试的录像，使学生对照明线路电气系统安装与调试有一个感性的认识，以提高学生的学习兴趣。

2）教师布置任务

(1)采用板书或 PPT 展示任务 1 的任务内容和具体要求。

(2)通过引导文问题让学生在规定时间内查阅资料，包括工具书、计算机或手机网络、电话咨询或同学讨论等多种方式，以获得问题的答案，目的是培养学生检索资料的能力。

(3)教师认真评阅学生的答案，重点和难点问题教师要加以解释。

对于项目(一)～项目(三)，每个项目中教师可播放与任务 1 有关的视频，包含任务 1 的整个执行过程；或教师进行示范操作，以达到手把手，学中做，从而教会学生实际操作的目的。

对于项目(一)～项目(三)，每个项目中由于学生有了任务 1 的操作经验，教师可只播放与任务 2 有关的视频，不再进行示范操作，以达到放开手，做中学的教学目的。

对于项目(一)～项目(三)，每个项目中由于学生有了任务 1 和任务 2 的操作经验，教师既不播放视频，也不再进行示范操作，让学生独立思考，完成任务 3，以达到育巧手，学会做的教学目的。

2. 计划

1）学生分组

根据班级人数和设备的台套数，由班长或学习委员进行分组。分组可采取多种形式，如随机分组、搭配分组、团队分组等。小组一般以 4～6 人为宜，目的是培养学生的社会能力，与各类人员的交往能力，同时每个小组指定一个小组的负责人。

2）拟定方案

学生可以通过头脑风暴或集体讨论的方式拟定任务的实施计划，包括材料、工具的准备，具体的操作步骤等。

3. 决策

由学生和教师一起研讨，决定任务的实施方案，包括详细的过程实施步骤和检查方法。

4. 执行

学生根据实施方案按部就班地进行任务的实施。

5. 检查

学生在实施任务的过程中要不断检查操作过程和结果，以最终达到满意的操作效果。

6. 评估

学生在完成任务后，要写出整个学习过程的总结，并做成 PPT 汇报。教师要制定各种评价表格，如专业能力评价表格、方法能力评价表格和社会能力评价表格，按照表 1-14 所示的考核建议，对学生进行综合性评价，根据评价结果对学生进行点评，同时布置课下作业，作业一般选取同类知识迁移的类型。

学习情境二 三相异步电动机电气系统的安装与调试

2.1 学 习 目 标

1. 知识目标

(1)掌握低压电器的作用、原理及选配原则。

(2)掌握电气国家标准的图形符号与文字符号。

(3)了解三相交流电的知识。

(4)掌握电动机正反转控制的原理。

(5)能识读电气原理图、安装图。

(6)了解交流电动机变频调速器的安装要求。

(7)了解变频器的常用参数。

(8)了解变频器的外围电路。

2. 技能目标

(1)能执行电气安全操作规程。

(2)能识读相关电气原理图。

(3)根据不同场合选择合适的电气元件并检测装接。

(4)能完成电力拖动控制线路的安装。

(5)掌握电力拖动线路的调试方法。

(6)能处理电力拖动控制线路中的故障。

(7)掌握电动机的检测和保养方法。

(8)能安装与检修电动机正反转控制线路。

(9)能安装与检修交流电动机降压启动控制线路。

(10)能安装与检修位置控制与自动往返控制线路。

(11)能安装与检修电动机联锁控制线路。

(12)能安装和调试动力头控制线路(降压启动、位置控制)。

(13)能执行电气安全操作规程。

(14)能安装、调试交流电动机的变频调速器。

(15)能设置变频器的参数。

(16)能连接变频器的外围电路。

(17)能安装、调试变频器控制的交流电动机的正反转电路。

(18)能应用变频器实现传送带的控制。

2.2　材料工具及设备

电工常用工具：验电器、螺钉旋具、尖嘴钳、斜口钳、剥线钳、电工刀等。

仪表：万用表。

器材：控制板一块，导轨规格如下。主电路采用 BV-1/1.37mm 的铜塑线，控制电路采用 BV-1/1.13mm 铜塑线，按钮线采用 BVR-7/0.75mm 多股软线；五金件：M4×20 螺杆、M4×12 螺杆、ϕ4 平垫圈、ϕ4 弹簧垫圈及 ϕ4 螺母若干。西门子 MM420 交流变频器、三相交流异步电动机、机电一体化输送带系统等。

2.3　学 习 内 容

项目(一)　三相异步电动机单向运行控制线路的安装与调试

引导文

(1) 什么叫自锁控制?试分析图 2-1 所示电路能否实现自锁控制，若不能，试分析说明原因并加以改正。

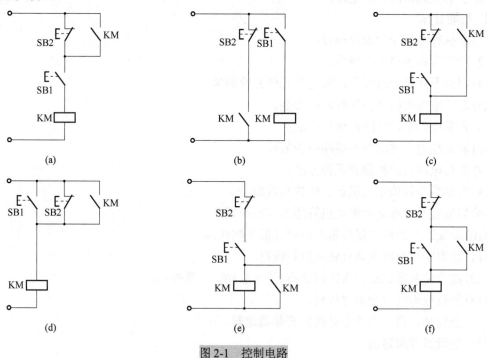

图 2-1　控制电路

(2) 什么是欠压保护?什么是失压保护?为什么说接触器自锁控制线路具有欠压和失压保护作用?

(3) 什么是过载保护?为什么对电动机要采取过载保护?

(4) 在电动机控制线路中，短路保护和过载保护各由什么电器来实现?它们能否相互代替使用?为什么?

(5)试为某生产机械设计电动机的电气控制线路,要求如下:

① 既能点动控制又能连续控制;

② 有短路、过载、失压保护作用。

(6)标出表 2-1 所示电器的图形符号和文字符号。

表 2-1 电器的图形符号和文字符号

名称	图形符号	文字符号	名称	图形符号	文字符号
熔断器			速度继电器常开触头		
热继电器常闭触头			复合按钮		
交流接触器主常开触头			断电延时时间继电器线圈		
限位开关常开触头			热继电器热元件		

任务1 识别常用低压电器

观察安装完成的电力拖动控制线路(图 2-2)可知,电力拖动控制线路是将三相交流电通过低压电器的不同组合实现电动机控制的一种电气线路。

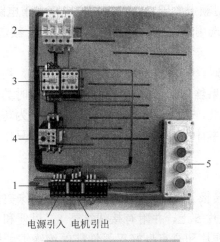

图 2-2 电力拖动控制线路

1-接线端子;2-熔断器;3-接触器;4-热继电器;5-按钮

其电路控制过程是:三相交流电由低压开关通过接线端子 1 引入拖动线路,经过熔断器 2 到达接触器 3,从接触器 3 流向热继电器 4,再通过接线端子引出到三相异步电动机。在这一过程中,按钮 5 实现电路的工作与停止。

从观察中不难发现,低压电器在电力拖动线路中起着重要的作用。下面先来识别一些常用的低压电气元件。

1. 闸刀开关

闸刀开关见图 2-3,是一种结构简单的低压电器。图 2-3(a)为其外形图,图 2-3(b)和(c)为其结构和开关符号。操作者只要将瓷柄 1 从下往上推,使动触点 2 和静触点 5 相连即可,而动静触点分别和出线座 3、进线座 6 相连。闸刀开关适用于交流 500V 以下的小电流电路,主要作为电灯、电阻和电热等回路的控制开关,三极开关适当降低容量后,可作为小型电动机的手动不频繁操作控制开关，仅具有短路保护作用。它由刀开关和熔断器组合而成，均装在瓷底板上。HK系列闸刀开关不设专门的灭弧装置，仅利用胶盖的遮护来防止电弧灼伤人手。操作者在合闸和拉闸时，应动作迅速，使电弧较快地熄灭，以减轻电弧对动触刀和静夹座的灼损。

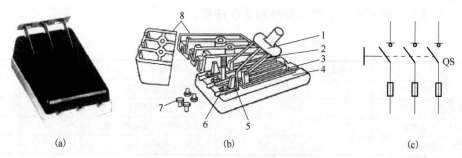

图2-3　闸刀开关外形、结构及符号

1-瓷柄；2-动触点、胶盖；3-出线座；4-瓷底；5-静触点；6-进线座；7-胶盖紧固螺钉；8-熔丝

　　这种开关具有明显的断开点，不能分断电流，作为检修时的分断电路使用，但因其结构简单、操作方便、价格便宜，在一般的照明电路和功率小于5.5kW电动机的控制电路中仍可采用。用于照明电路时可选用额定电压为250V、额定电流大于电路最大工作电流的两极开关；用于电动机直接启动时，可选用额定电压为380V或500V，额定电流大于电动机额定电流3倍的三极开关。

　　注意：在安装闸刀开关时，应将电源进线装在静触座上，用电负荷接在闸刀的下出线端上。当开关断开时，闸刀和熔丝上不带电，可保证更换熔丝时的安全。闸刀在合闸状态时，手柄应向上，不可倒装或平装，以防误合闸。负荷较大时，为防止出现闸刀本体相间短路，可与熔断器配合使用。闸刀本体不再装熔丝，此时闸刀开关只作为开关使用，短路保护由熔断器完成。

2. 组合开关

　　组合开关（图2-4）又称转换开关，是闸刀开关的一种特殊类型。三极组合开关的三对静触片7分别装在三层绝缘垫片5上，并附有接线端子8，以便和电源及用电设备相连。三对动触片6由磷铜片或硬紫铜片和具有良好灭弧性能的绝缘铜纸板铆合而成，与绝缘垫片5一起套在附有手柄的绝缘杆9上。手柄1可以沿任何一个方向转动，每转一次为90°，带动三对动触片6分别与三对静触片7接通或断开，从而接通或分断电路。开关的顶盖部分由滑板、凸轮、扭簧和手柄等构成操作机构，这个机构由于采用扭簧储能，可使触头快速闭合或分断，保证开关在切断负荷电流时，迅速熄灭电弧，而闭合与分断的速度和手柄旋转速度无关。

　　普通组合开关可用于交流50Hz、380V以下及直流220V以下的电气线路中，供手动不频繁地接通和断开电路、换接电源和负载。作为电源引入开关，可用来控制5kW及以下的小容量电动机的启动、停止和正反转，也可以用作机床照明电路的控制开关。

　　注意：尽管组合开关的寿命较长，但也必须按照规定条件使用。例如，功率因数不能过低、操作频率不能过高等。另外，组合开关不能用来分断故障电流，而用于控制电动机正反转的组合开关，必须在电动机完成停转后才允许反方向启动，且每小时的接通次数不能超过15～20次。

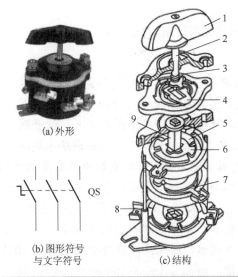

(a) 外形

QS

(b) 图形符号
与文字符号

(c) 结构

图 2-4　HZ10-10/3 型组合开关外形、结构及符号

1-手柄；2-转轴；3-弹簧；4-凸轮；5-绝缘垫片；6-动触片；7-静触片；8-接线端子；9-绝缘杆

3. 熔断器

熔断器(图 2-5)是一种结构简单、使用方便、价格低廉而有效的保护电器。在电力拖动电路中，熔断器的常用型号有 RL6-25、RL1-60、RS0-100 等，如图 2-5(a)所示。使用时串联在被保护电路中，当电路发生过载或短路故障时，通过熔断器的电流达到或超过某一定值后，熔断器熔体上产生足够的热量使熔体熔断而切断电路，以达到保护的目的。图 2-5(b)是 RL1-60 型的结构图，图 2-5(c)是熔断器的图形符号和文字符号。

RL6-25　　　　RL1-60　　　　RS0-100

(a)

(b)　　　　　　　　　　　　(c)

FU

图 2-5　熔断器外形、结构与符号

1-瓷座；2-下接线座；3-瓷套磁盖；4-熔芯；5-瓷帽静触点；6-上接线座

【知识链接】　熔断器的分类与选用

1) 熔断器的分类

(1) RC1A 系列瓷插式熔断器。RC1A 系列瓷插式熔断器由瓷盖、瓷底、动触头和熔体等部分组成。电源线及负载线分别接在瓷底两端的触头上。瓷底座中间有一个灭弧室，而熔丝接在瓷盖内的两个动触头上，使用时将瓷盖合在瓷底上。该系列熔断器广泛用于交流 50Hz、额定电压 380V 及以下、额定电流 200A 及以下的低压线路末端或分支电路中，作为短路保护。

(2) RL1 系列螺旋式熔断器。RL1 系列螺旋式熔断器主要由瓷帽、熔断管、瓷套、上下接线端及瓷底座等组成。其中熔断管是一个瓷管，管内有熔丝，熔丝周围填充着石英砂以增强灭弧性能。熔断管的上端有一个小红点(熔断指示器)，当熔丝熔断时，熔断指示器自动脱落，此时需更换一只同规格的熔断管。该系列熔断器的体积小、安装面积小、更换熔体方便、工作可靠，且熔丝熔断后有明显指示，因此广泛应用于额定电压 500V、额定电流 200A 以下的电路中，作为过载或短路保护。

(3) RM10 系列熔断器。RM10 系列熔断器由熔管、熔体和插座等几部分组成，适用于交流 50Hz、额定电压 380V 或直流额定电压 440V 及以下的低压电力网络、配电设备中，作为短路和过载保护。

(4) RT0 系列熔断器。RT0 系列熔断器装有填充料(石英砂)，是一种灭弧能力强、分断能力高的熔断器。用于短路电流较大的电力输配电系统中，作为导线、电缆和电气设备的短路保护或导线、电缆的过载保护。

(5) 快速熔断器。快速熔断器主要用于半导体功率元件的过电流保护。由于半导体元件承受过电流的能力很差，只允许在较短的时间内承受较大的过载电流，因此要求短路保护元件应具有快速动作的特征。目前常用的快速熔断器有 RLS 系列和 RS 系列。RLS 系列用于小容量硅整流元件的短路和过载保护，RS 系列适用于半导体整流元件的短路和过载保护。

2) 熔断器的选择

(1) 类型选择。一般根据使用环境和负载性质选择适当类型的熔断器。例如，对于小容量的照明线路，可选用 RC1A 系列插入式熔断器；在机床控制线路中，一般选用 RL1 系列螺旋式熔断器；在开关柜或配电箱中选用 RM10 系列无填料封闭管式熔断器等。

(2) 熔体额定电流的选择。

① 对于照明、电炉等负载的短路保护，应使熔体的额定电流 I_{RN} 等于或稍大于电路的工作电流 I_W，即

$$I_{RN} \geq I_W$$

② 保护一台电动机时，考虑到启动电流的影响，可按下式选择：

$$I_{RN} \geq (1.5 \sim 2.5) I_N$$

式中，I_N 为电动机额定电流。对于频繁启动或启动时间较长的电动机，上式中的系数应增加到 3～3.5。

③ 保护多台电动机时，可按下式选择：

$$I_{RN} \geq (1.5 \sim 2.5) I_{N\,max} + \sum I_N$$

式中，$I_{N\,max}$ 为容量最大的一台电动机的额定电流；$\sum I_N$ 为其余电动机额定电流之和。

(3)熔断器额定电压的选择。熔断器的额定电压应等于或大于线路额定电压。

(4)熔断器额定电流的选择。熔断器的额定电流必须等于或大于所装熔体的额定电流。

4. 交流接触器

交流接触器的外形结构、内部结构、文字符号和图形符号如图2-6所示。其工作原理是：当接触器的线圈11通电后，产生的磁场将静铁心9磁化，使静铁心9产生足够的电磁吸力，克服反作用弹簧1的作用力，将动铁心7吸合，使三对常开主触头2闭合，接通主电路，同时辅助常闭触头5先断开，辅助常开触头6再闭合。一旦接触器线圈失电，各触点恢复线圈未通电时的状态。

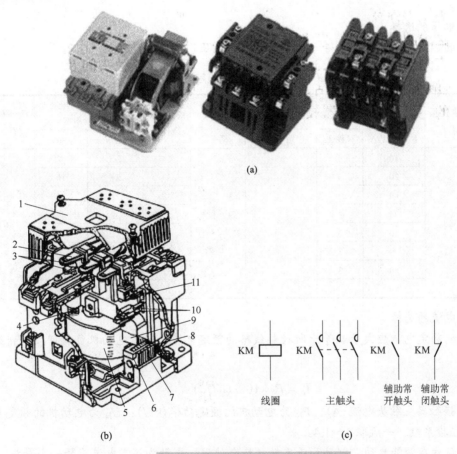

图 2-6　交流接触器外形、结构及符号

1-反作用弹簧；2-主触头；3-触头压力弹簧；4-灭弧罩；5-辅助常闭触头；6-辅助常开触头；

7-动铁心；8-缓冲弹簧；9-静铁心；10-短路环；11-线圈

交流接触器的检修方法如下。

(1)检查灭弧罩有无破损，清除灭弧罩内的金属飞溅物和颗粒。

(2)检查触头的磨损程度，清除触头表面上烧毛的颗粒，若磨损严重则更换触头。

(3)消除铁心端面的油垢，检查铁心有无变形及端面接触是否平整。

(4)检查触头压力弹簧及反作用弹簧是否变形或弹力不足。

(5)检查电磁线圈是否存在短路、断路及发热变色现象。

(6)用万用表测量线圈和触头是否良好，用兆欧表测量各触头间及主触头对地电阻是否符合要求，按压触头系统是否灵活，防止接触不良。

(7)有条件的还可进行接触器校验和压力调整。

【知识链接】 接触器的选择

1)接触器的类型选择

根据接触器所控制的负载性质，选择直流接触器或交流接触器。如果控制系统中主要是交流负载，而直流负载容量较小，也可用交流接触器控制直流负载，但触头的额定电流应选择得大一些。

2)额定电压的选择

接触器的额定电压应大于或等于所控制线路的电压，其技术数据见表 2-2。

表 2-2　CJ0 和 CJ10 系列交流接触器的技术数据

| 型号 | 触头额定电压/V | 主触头 | | 辅助触头 | | 线圈功率/(V·A) | 可控制三相异步电动机的最大功率/kW | | 额定操作频率/(次/h) |
		额定电流/A	对数/对	额定电流/A	对数		220V	380V	
CJ0-10	380	10	3	5	均为2常开、2常闭	14	2.5	4	≤600
CJ0-20		20	3			33	5.5	10	
CJ0-40		40	3			33	11	20	
CJ0-75		75	3			55	22	40	
CJ10-10		10	3			11	2.2	4	
CJ10-20		20	3			22	5.5	10	
CJ10-40		40	3			32	11	20	
CJ10-60		60	3			70	17	30	

3)额定电流的选择

接触器的额定电流应大于或等于所控制线路的额定电流。对于电动机负载可按下列经验公式计算：

$$I_C = P_N \times 10^3 / (KU_N)$$

式中，I_C 为接触器主触头电流(A)；P_N 为电动机的额定功率(kW)；U_N 为电动机的额定电压(V)；K 为经验系数，一般取 1～1.4。

如果接触器在频繁启动、制动和正反转的场合使用，主触头额定电流应降一个等级。

4)线圈电压的选择

当控制线路简单、使用电器少时，可直接选用 380V 或 220V 的电压。若线路较复杂、电器使用时间超过 5h，可选用 24V、36V 或 110V 电压的线圈。

5. 按钮

常用按钮外形见图 2-7，按下按钮帽 1，桥式动触头 5 使常开静触头 6 闭合，常闭静触头 4 断开。当松开按钮帽 1 时，在复位弹簧 2 的作用下，按钮恢复成初始状态。

选用按钮的主要依据有触头对数、动作要求、使用场合及颜色等。可供选择的常用型号有 LA2、LA10、LA19、LA20 等。

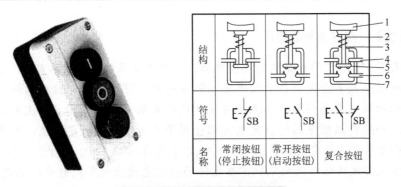

图 2-7 按钮的外形、结构与符号

1-按钮帽；2-复位弹簧；3-支柱连杆；4-常闭静触头；5-桥式动触头；6-常开静触头；7-外壳

注意：为了便于工作人员识别，以避免误操作，通常在按钮上用不同标记或颜色来加以区分，其颜色有红、黄、蓝、白、绿、灰、黑等。红色一般表示停止按钮，绿色表示启动按钮，急停按钮用红色蘑菇按钮。

6. 热继电器

热继电器是保护电动机过载的一种电器件，有多种型号和规格，它的外形结构如图 2-8(a) 所示。其工作原理是：当电动机过载时，流过热元件的电流增大，热元件产生的热量使主双金属片弯曲，推动导板向左移动，进而推动温度补偿双金属片，使推杆绕轴转动，从而推动触头动作，串联在电动机控制线路中的常闭触头断开，使接触器线圈断电释放，将电动机电源切断，起到保护的作用。图 2-8(b) 是热继电器的内部结构图，图 2-8(c) 是它的图形符号和文字符号。

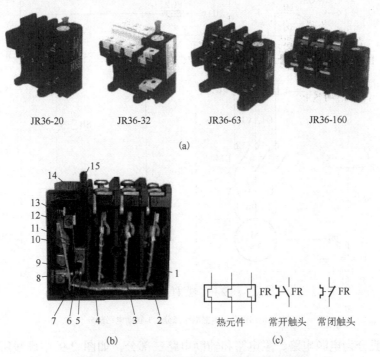

图 2-8 JR36 系列热继电器外形、结构及符号

1-电阻丝；2-内导板；3-双金属片；4-外导板；5-静触头；6-杠杆；7-动触头；8-复位调节螺钉；9-温度补偿元件；

10-推杆；11-弓簧；12-连杆；13-压簧；14-电流调节凸轮；15-手动复位按钮

【知识链接】 热继电器的选择

一般情况下，可选用两相结构的热继电器。当电源电压的均衡性和工作环境较差，无人经常照看的电动机或多台电动机的功率差别较显著时，可选用三相结构的热继电器。而三角形连接的电动机，应选用带断相保护装置的热继电器。热元件额定电流应略大于电动机的额定电流。一般将热继电器的整定电流调整到等于电动机的额定电流，对于过载能力差的电动机，可将热元件整定值调整到电动机额定电流的 60%~80%；对于启动时间较长，拖动冲击性负载或不允许停车的电动机，热元件的整定电流应调节到电动机额定电流的 1.1~1.15 倍。

注意：热继电器由于热惯性，电流通过热元件需要一段时间后触头才能动作，因此不能作为短路保护。同理，在电动机启动或短时过载时，热继电器不会动作，可避免电动机不必要的停车。

任务2 识读电气原理图

任何复杂的控制线路都是由一些比较简单的基本控制线路和基本环节组合而成的。在分析生产机械电气线路时，首先应知道绘制、识读电气控制线路图的原则。图 2-9 为一个电气原理图。

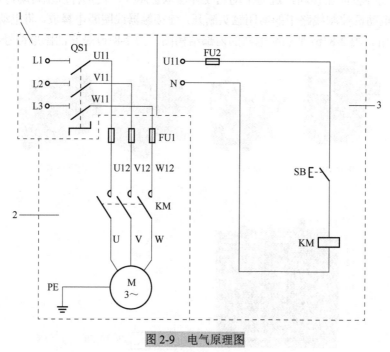

图 2-9 电气原理图

1-电源电路部分；2-主电路部分；3-辅助电路部分

电路图一般分为电源电路、主电路和辅助电路三部分，如图 2-9 中虚线所示。电源电路画成水平线，三相交流电源的相序分别按 L1—L2—L3 自上而下的顺序依次画出，电能由三相交流电源经过开关引入电路。主电路绘制时应画在电路图的左侧并垂直于电源电路。它主要由主熔断器、接触器的主触头、热继电器的热元件以及电动机组成。主电路通过的是电动机的工作电流，电流比较大，是电源向负载提供电能的电路。辅助电路一般由主令电器的触头、接触器线圈及辅助触头、继电器线圈及触头、指示灯和照明灯等组成，分别表示为控制电路、指示电路和局部照明电路。通常辅助电路通过的电流较小，一般不超过 5A。绘制时，一般按照控制电路、指示电路和照明电路的顺序依次垂直画在主电路图的右侧，且电路中与下边电源线相连的耗能元件(如接触器线圈、指示灯、照明灯等)要画在电路图的下方，而电器的触头要画在耗能元件与上边电源线之间。识读的原则一般按自左至右，自上而下的排列表示操作顺序。

注意：在电路图中各电器的触头状态都按电器未通电时的常态画出，图 2-9 中 KM 的主触头是断开的，当同一电器中各元件不按它们的实际位置画在一起时，必须标注相同的文字符号(如图中 KM 的主触头和线圈分别在主电路和控制电路中出现)。若图中相同的电器较多，需要在电器文字符号旁加注不同的数字，以示区别(如 KM1、KM2)。

【知识链接】 常用电器的图形和文字符号

常用电器的图形和文字符号如表 2-3 所示。

表 2-3 常用电器的图形和文字符号

新国标		名称或说明	新国标		名称或说明
图形符号	文字符号		图形符号	文字符号	
热继电器(过载热脱扣)			熔断器		
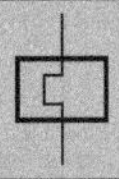	FR	驱动器件(热元件)		FU	熔断器的一般符号
			电气操作的机械器件		
	FR	常闭触点		YA	电磁铁的一般符号
	FR	三相热继电器符号及数据的标志方法		YC	电磁离合器
继电器				YH	电磁吸盘
	KA	中间继电器线圈		YV	电磁阀
	KA	过电流继电器线圈	半导体管		
	KA	欠电压继电器线圈		VT	二极管
	KA	零电压继电器线圈		VC	全波(桥式)整流器
	KA	继电器常开触点			
	KA	继电器常闭触点			

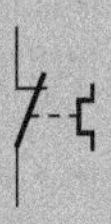

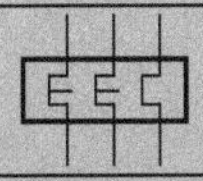

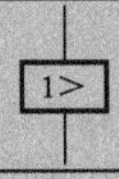

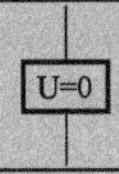

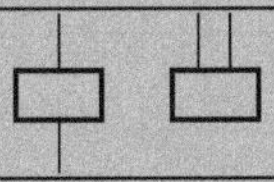

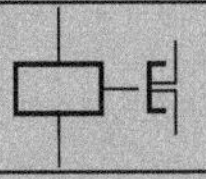

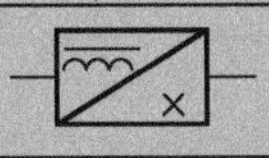

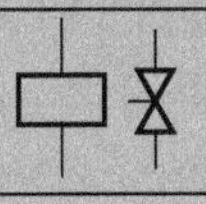

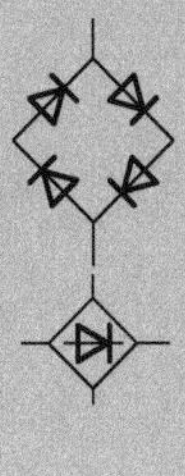

新国标		名称或说明	新国标		名称或说明
图形符号	文字符号		图形符号	文字符号	
行程开头			接触器		
	SQ	常开触头		KM	接触器线圈
	SQ	常闭触头		KM	接触器常开触点
变压器				KM	接触器常闭触点
	TC	单相变压器		KM	接触器主触点
开关			按钮		
	QF	低压断路器		SB	常闭按钮
	SA	三极控制开关		SB	常开按钮
时间继电器				SB	复合按钮
	KT	时间继电器线圈的一般符号	灯		
	KT	缓慢释放(缓放)线圈		EL	照明灯的一般符号
	KT	缓慢吸合(缓吸)线圈	插头、插座		
	KT	瞬时闭合的常开触点		X	插头或插座
	KT	瞬时断开的常闭触点	电动机		
	KT	线圈通电时延时闭合的常开触点		M	三相笼型异步电动机
	KT	线圈断电时延时断开的常闭触点		M	三相绕线式异步电动机
非电量控制继电器			开关		
	SP	压力继电器		QS	三极负荷开关
	SR	速度(转速)继电器			

任务 3 安装三相异步电动机单向运行自锁控制线路

为了实现电动机的连续运转,可采用如图 2-10 所示的接触器自锁控制线路。这种线路的主电路和点动控制线路的主电路相同。控制电路中多串接了一个停止按钮 SB1,在启动按钮 SB2 的两端并接了接触器 KM 的一对常开辅助触头,实现了电路的连续工作。

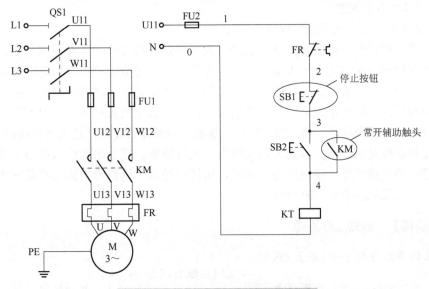

图 2-10 三相异步电动机自锁控制线路

其安装步骤如下。

(1)元件安装。如图 2-11 所示,元件的安装位置应整齐、均匀,间隔合理,便于元件的更换。紧固元件时,用力要均匀,紧固程度要适当。

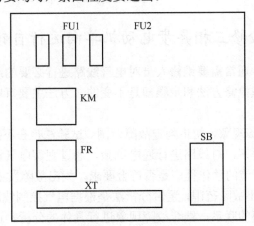

图 2-11 元件安装位置图

(2)布线。进行线路布置和号码管的编码与套管。线路安装应遵循由内到外、横平竖直的原则,尽量做到合理布线、就近走线;编码正确、齐全;接线可靠,不松动、不压皮、不反圈、不损伤线芯。

(3)检查线路的正确性。安装完毕的控制线路板,必须经过认真检查以后,才允许通电试车,以防止错接、漏接造成不能正常工作或短路事故。检查时,应选用倍率适当的万用表电阻挡(R×10),并进行校零。对控制电路的检查(可断开主电路),可将表棒分别搭在 U11、N 线端上,读数应为"∞"。按下启动按钮时,读数应为接触器线圈的冷态直流电阻值(500~600Ω),然后断开控制电路再检查主电路有无开路或短路现象,此时可用手动来代替接触器通电进行检查。模拟热继电器保护动作,测量电阻值为"∞"。

(4)连接接地保护装置。

(5)连接电源、电动机等控制板外的导线。

注意:通电调试时,应由教师现场监护。为了保证人身安全,在通电试车时,要认真执行安全操作规程的有关规定,一人监护,一人操作。试车前应先检查与通电试车有关的电气设备是否有不安全的因素存在,若查出应立即整改,才能试车。通电试车前,必须征得教师同意,并由教师接通控制电源,同时在现场监护。学生合上电源开关后,用万用表检查熔断器出线端有电压,说明电源接通。按下按钮,观察接触器是否正常,是否符合线路功能要求。观察电气元件动作是否灵活,有无卡阻及噪声过大等现象。观察电动机运行是否正常等。用万用表检查电动机接线端子线电压是否正常,运转平稳后,用钳形电流表测量三相电流是否平衡。若有异常现象应立即切断电源。

【知识链接】 线路工作原理

线路工作原理分析如下(合上 QS 时)。

启动: 按下SB1── KM线圈得电 ── KM主触头闭合 ──→ 电动机M启动。
 └─ KM自锁触头闭合 ──┘

停止: 按下SB2── KM线圈失电 ── KM主触头复位(断开) ──→ 电动机M停转。
 └─ KM自锁触头复位(断开) ──┘

任务4 检修三相异步电动机单向运行自锁控制线路

当电路出现故障时,通常需要维修人员对电气线路进行必要的维修。故障现象很多,产生的原因也有很多种,但检修方法和步骤却是不变的。方法主要有电压法和电阻法两类。步骤主要有以下三步。

(1)用试验法观察故障现象,初步判定故障范围。试验法是在不扩大故障范围,不损坏电气设备和机械设备的前提下,对线路进行通电试验,通过观察电气设备和电气元件的动作,看它是否正常,各控制环节的动作程序是否符合要求,找出故障发生的部位或回路。

(2)用逻辑分析法缩小故障范围。逻辑分析法是根据电气控制线路的工作原理、控制环节的动作程序以及它们之间的联系,结合故障现象进行具体的分析,迅速地缩小故障范围,从而判断出故障所在。这种方法是一种以判断准确为前提,尽快查出故障点为目的的检查方法,特别适用于对复杂线路的故障检查。

(3)用测量法确定故障点。测量法是利用电工工具和仪表(如验电器、万用表、钳形电流表、兆欧表等)对线路进行带电或断电测量,是查找故障的有效方法。

1. 电阻分阶测量法

电阻分阶测量法如图 2-12 所示。按启动按钮 SB1,若接触器 KM 不吸合,说明 KM 得电回路有故障。

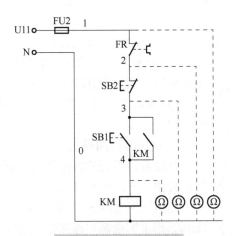

图 2-12　电阻分阶测量法

检查时，先断开电源，把万用表转换到电阻挡，按下 SB1 不放，测量 0-1 两点间的电阻。如果电阻为无穷大，说明电路断路；然后逐段分阶测量 0-4、0-3、0-2 各点的电阻值。测量到某标号时，若电阻突然增大，说明表棒刚跨过的触头或连接线接触不良或断路。电阻分阶测量法查找故障点见表 2-4。

表 2-4　电阻分阶测量法查找故障点

故障现象	测试状态	0-1	0-2	0-3	0-4	故障点
按下 SB1 时，KM 不吸合	按下 SB1 不放	∞	R	R	R	FR 常闭触头接触不良
		∞	∞	R	R	SB2 接触不良
		∞	∞	∞	R	SB1 接触不良
		∞	∞	∞	∞	KM 线圈断路

注：R 表示有一定的电阻值，数值为 KM 线圈的电阻。

2. 电阻分段测量法

电阻分段测量法如图 2-13 所示。检查时，先切断电源，按下启动按钮 SB1，然后逐段测量相邻两标号点 1-2、2-3、3-4、4-0 的电阻。若测量某两点间电阻很大，说明该触头接触不良或导线断路。例如，测得 2-3 两点间电阻很大，说明停止按钮 SB2 接触不良。

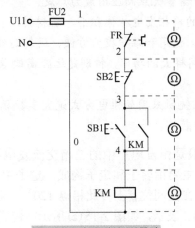

图 2-13　电阻分段测量法

电阻分段测量法的优点是安全，缺点是测量电阻值不准确时易造成判断错误，为此应注意下述几点。

(1)用电阻分段测量法检查故障时，一定要断开电源。

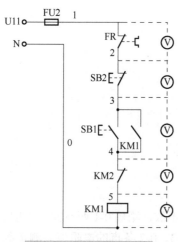

图 2-14　电压分段测量法

(2)所测量电路若与其他电路并联，必须将该电路与其他电路断开，否则所测电阻值不准确。

(3)测量高电阻电气元件，要将万用表的电阻挡扳到适当的位置。

3. 电压分段测量法

首先将万用表的转换开关扳到交流电压 500V 的挡位上，然后按如下方法进行测量。

先用万用表测量如图 2-14 所示 0-1 两点间的电压，若为 380V，则说明电源电压正常。然后一人按下启动按钮 SB1，若接触器 KM1 不吸合，则说明电路有故障。这时另一人可用万用表的红、黑两根表棒逐段测量相邻两点 1-2、2-3、3-4、4-5、5-0 之间的电压。若检测有电压，说明该检测段为开路故障。即可根据测量结果找出故障点，如表 2-5 所示。

表 2-5　电压分段测量法所测电压值及故障点

故障现象	测试状态	1-2	2-3	3-4	4-5	5-0	故障原因
按下 SB1 时，KM1 不吸合	按下 SB1 不放	220V	0V	0V	0V	0V	FR 常闭触头接触不良
		0	220V	0V	0V	0V	SB2 触头接触不良
		0	0	220V	0V	0V	SB1 触头接触不良
		0	0	0	220V	0V	KM2 常闭触头接触不良
		0	0	0	0	220V	KM1 线圈断路

【知识链接】　三相正弦交流电

如果在交流电路中有几个电动势同时作用，每个电动势的大小相等、频率相等，只是相位不同，那么就称这种电路为多相制电路。组成多相制电路的各个单相部分称为一相。在多相制中，三相制因为具有如下诸多优点而应用最为广泛。

(1)三相发电机比同功率的单相发电机体积小，省材料。

(2)三相发电机结构简单，使用和维护较为方便，运转时比单相发电机的振动小。

(3)在同样条件下，输送同样大的功率，特别是远距离输电时，三相输电线可节约 25% 左右的材料。

所以，目前世界上电力系统所采用的供电方式绝大多数属于三相制，通常的单相交流电源多数也是在三相交流电源中获得。

三相正弦交流电动势一般是由发电厂中的三相交流发电机产生的。三相交流发电机的示意图如图 2-15(a) 所示，其主要由转子和定子构成。定子中嵌有 3 个完全相同的绕组，如图 2-15(b) 所示。这 3 个绕组在空间位置上彼此相隔 120°，各绕组的始端分别用 U1、V1、W1 表示，末端用 U2、V2、W2 表示，如图 2-15(c) 所示。转子是具有一对磁极的电磁铁，其磁极表面的磁场按正弦规律分布。

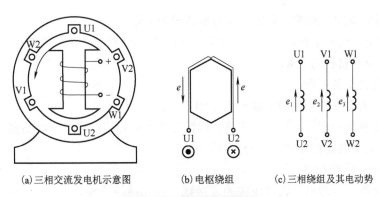

(a)三相交流发电机示意图　　(b)电枢绕组　　(c)三相绕组及其电动势

图 2-15　三相交流发电机

　　当转子由电动机带动，以匀速逆时针转动时，由每相绕组依次切割磁力线，产生频率相同、幅值相等的正弦电动势。电动势的参考方向选定为绕组的末端指向始端，如图 2-15(c)所示。

　　由图 2-15(a)可见，当磁极的 N 极转到 U1 处时，U 相的电动势达到正的最大值。经过 120° 后，磁极的 N 极转到 V1 处，V 相的电动势达到正的最大值。同理，再由此经过 120° 后，W 相的电动势达到正的最大值。周而复始，这三相电动势的相位互差 120°。这种最大值相等、频率相同、相位互差 120° 的 3 个正弦电动势称为对称三相电动势。波形图与向量图如图 2-16 所示。

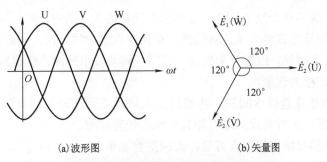

(a)波形图　　　　　　(b)矢量图

图 2-16　三相交流电的波形图和矢量图

　　三相交流电出现振幅值(或对应零值)的顺序称为相序。在图 2-16 中，三相电动势到达振幅值的顺序为 U—V—W—U，称为正序或顺序；若最大值出现的顺序为 V—U—W—V，恰好与正序相反，则称为负序或逆序。工程上通用的相序是正序。三相发电机的每一相绕组都是一个独立的电源，可以单独地接上负载，成为彼此不相关的三相电路，需要 6 根导线来输送电能。三相电源的三相绕组一般都按两种方式连接起来供电，一种方式是星形连接，另一种方式是三角形连接。将三相发电机中三相绕组的末端 U2、V2、W2 连在一起，始端 U1、V1、W1 引出作为输出线，这种连接称为星形接法，用 Y 表示。从始端 U1、V1、W1 引出的三根线称为相线或端线，俗称火线；末端接成的一点称为中性点，简称中点，用 N 表示；从中性点引出的输电线称为中性线，简称中线。低压供电系统的中性点是直接接地的，把接大地的中性点称为零点，而把接地的中性线称为零线。工程上，U、V、W 三根相线分别用黄、绿、红来区别。有中线的三相制叫作三相四线制。无中线的三相制叫作三相三线制。将三相电源内每相绕组的末端和另一相绕组的始端相连的连接方式，称为三角形接法，用△表示。

4. 电动机的拆卸、清洗、安装过程与整体检查方法

为了确保电动机的正常运行，必须掌握电动机的整体检查方法与空载测试项目。

1) 三相异步电动机的拆卸

(1) 拆卸前的准备工作。

① 准备好拆卸场地及拆卸电动机的专用工具。

② 做好记录或标记。在线头、端盖、刷握等处做好标记；记录好联轴器与端盖之间的距离及电刷装置把手的行程(绕线转子异步电动机)。

(2) 电动机的拆卸步骤。

① 切断电源，拆卸电动机与电源的连接线，并作绝缘处理。

② 卸下带轮，卸下地脚螺栓，将各螺母、垫片等小零件用小盒装好。

③ 拆卸皮带轮或连接器。

④ 拆卸风罩、风扇。

⑤ 拆卸后轴承外盖 3 只螺钉→拆前端盖→抽出转子→松开前轴承外盖→取出前轴承及内盖→取出后轴承及内盖，并进行必要的清洗。

注意：拆卸前必须做好记号，拆卸过程中用力必须均匀，拆轴承时使用工具，抽出转子时必须注意不要碰伤定子绕组。

2) 清洗

(1) 将轴承放入煤油桶浸泡 5～10s，待轴承上油膏落入煤油中，再将轴承放入另一桶比较洁净的煤油中，用细软毛刷将轴承边转边洗，最后在汽油中洗一次，用布擦干即可。

(2) 检查轴承有无裂纹，滚道有无生锈，再用手转动轴承外圈，观察其转动是否灵活、均匀，是否有卡位或过松的现象。

(3) 用塞尺或熔丝检查轴承间隙。将塞尺插入轴承内圈滚珠与滚道间隙内并超过滚珠球心，使塞尺松紧适度，此时塞尺的厚度即为轴承的径向间隙。

(4) 滚动轴承磨损间隙若超过许可值，就应更换轴承。

3) 电动机的安装

安装步骤与拆卸步骤相反。装配时，应用木槌或铜棒均匀敲击端盖四周，并用粗铜丝钩住端盖，对准内外油孔，取出铜丝，然后均匀用力，按对角线上下左右拧紧端盖螺钉。

4) 装配后的检验

(1) 一般检查。检查固定螺钉是否拧紧，转子转动是否灵活。轴伸端径向有无偏摆。

(2) 测定绝缘电阻。

① 定子绕组相与相、相对地的绝缘电阻≥0.5MΩ。

② 对于绕线式电动机，还应测量转子绕组间和绕组对地的绝缘电阻，其值不得小于0.5MΩ。

③ 根据电动机的铭牌与电源电压正确接线，并在电动机外壳上安装好接地线，用钳形表分别检测三相电流是否平衡。

④ 用转速表测电动机的转速。

⑤ 让电动机空转运行半个小时后，检测机壳和轴承处的温度，观察振动和噪声。绕线转子电动机在空载时，还应检查电刷有无火花及过热现象。

【知识链接】　电动机首尾判别方法

当电动机接线板损坏，定子绕组 6 个线头分不清楚时，不可盲目接线，以免电动机内部出现故障，因此必须分清 6 个线头的首尾端后才能接线。

准备工作：将接线盒打开，卸下短接片后，用导线将 6 个引出端引出接线盒。将万用表拨到 R×1 挡，测量电阻值。当两表棒测得一对阻值较小，约几欧姆时，表明这两个端头是一相绕组，如此，将三相绕组区别开并做好标记。

(1)干电池判断法。

① 用万用表 R×1 挡进行分相。

② 将一相绕组，通过开关 SA、5 号干电池连成回路，如图 2-17 所示。在开关接通的瞬间，若万用表拨在 mA 挡最小挡时，指针正偏，则干电池的"＋"极和万用表的"－"表棒(黑)所接线头为同名端。若指针反偏，则干电池的"＋"极和万用表的"＋"表棒为同名端。

(2)剩磁判断法。

① 将 6 个引出端分成三相，每相选出一个端头为首端，拧在一起，其余 3 个尾端(假定)也拧在一起，按图 2-18 接线。

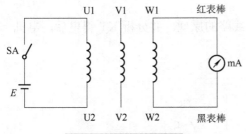

图 2-17　干电池判断法

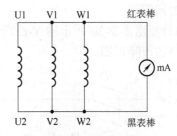

图 2-18　剩磁判断法

② 将万用表拨在最小 mA 挡，两表棒并在该端口(假设的首尾端)。

③ 转动转子，若指针不偏转或摆动甚小，则假设正确(因为此时电机工作于发电状态，三相绕组的磁势合成时，矢量和为 0。此时指针不偏转，无电流通过表头)。

④ 若有读数，则将任意一相的两端调换，若仍有偏转，则必须将该相两端口复原，再换另一相，直至表头无偏转。

(3)交流电压检查法。

① 二相通入电源。

② 另一相串联并串入一灯泡(或万用表测量端电压)，如图 2-19 所示。

③ 将电源接通，灯亮，说明并头为头尾相连(将两线头相碰有火花)。不亮说明同为首端(尾端)，再按上述方法对 W1、W2 两线头进行判别。

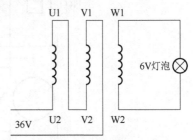

图 2-19　交流电压检查法

5. 活动设计

(1)图 2-10 是一个既能控制三相异步电动机连续工作又能点动工作的控制电路，通过识读该电路，理解其作用及动作原理。

(2)根据如图 2-10 所示电路选用电器件，并对所选电器件进行质量检测。

(3)根据如图 2-10 所示电路进行安装、接线、调试操作。

项目(二)　三相异步电动机降压启动、位置控制线路的安装与调试

引导文

1)填空题

(1)Y-△降压启动适用于_____连接的电动机。由于启动电压降低了原电压的$1/\sqrt{3}$，则启动转矩降低了_____，故常用于_____场合。

(2)具有接触器自锁的控制线路，除了具有自锁功能外，还具有_____和_____保护。

(3)一般规定_____的三相异步电动机可采用直接启动。

(4)双重联锁指的是_____联锁和_____联锁。

(5)交流接触器是一种自动的_____开关，利用_____作用下的吸合和_____作用下的释放使触头闭合和分断的一种控制电器。其结构主要由_____、_____和_____三部分组成。

2)问答题

(1)写出图 2-20 所示的 Y-△降压启动控制线路的原理，并分析 KT 得电后，电机一直星形运转的故障范围。

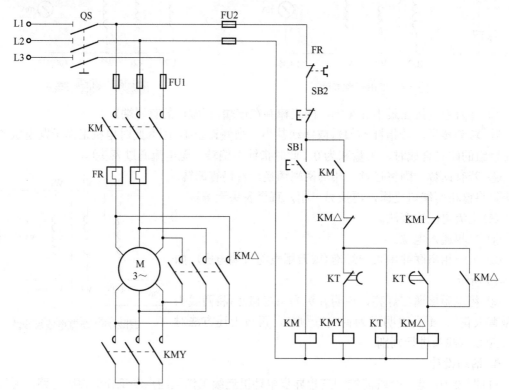

图 2-20　控制线路原理图

(2)在图 2-21 上圈出错误的地方，并直接在图上进行改正。

(3)试述三相异步电动机的工作原理。

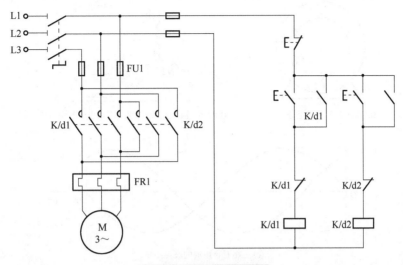

图 2-21 控制线路原理图

任务 1 安装与检修交流电动机接触器联锁正反转控制线路

1. 识别电动机正反转控制方法

观察如图 2-22 所示的电路工作状态，分析倒顺开关在不同位置时电动机的工作状态。

线路工作状态如下。操作倒顺开关 QS，当手柄处于"停"位置时，QS 的动、静触头不接触，电路不通，电动机不转；当手柄扳至"顺"位置时，QS 的动触头和左边的静触头相接触，电路按 L1-U、L2-V、L3-W 接通，输入电动机定子绕组的电源电压相序为 L1-L2-L3，电动机正转；当手柄扳至"倒"位置时，QS 的动触头和右边的静触头相接触，电路按 L1-W、L2-V、L3-U 接通，输入电动机定子绕组的电源相序变为 L3-L2-L1，电动机反转。

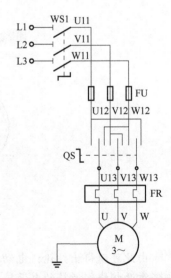

【知识链接】 电动机正反转原理

由三相交流异步电动机的工作原理可知，电动机的转向由旋转磁场的旋转方向决定。三相交流电按正序 L1-L2-L3 接

图 2-22 倒顺开关正反转控制线路

入电动机 U、V、W 三相绕组，3 个电流相量的相序是顺时针的，由此产生的旋转磁场的转向也是顺时针，即由电流相位超前的绕组转向电流相位落后的绕组，如图 2-23 所示。如果任意调换图 2-23 中电动机两相绕组所接交流电的相序，假定 V 相绕组仍接 L2 相交流电，U 相绕组接 L3 相交流电，W 相绕组接 L1 相交流电，画出 $\omega t=0$、$\omega t=\pi/2$ 时的合成磁场如图 2-24 所示。可见 3 个电流相量的相序是逆时针的。由此产生的旋转磁场的转向是逆时针的，也是由电流相位超前的绕组转向电流相位落后的绕组。

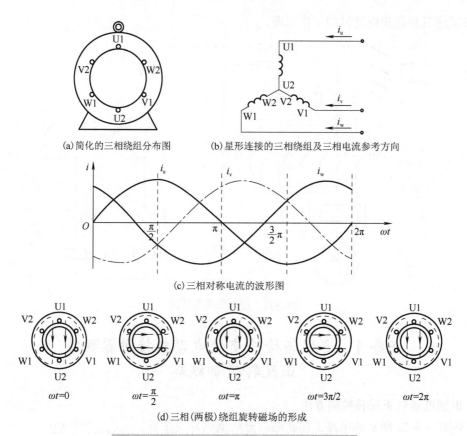

(a)简化的三相绕组分布图　　(b)星形连接的三相绕组及三相电流参考方向

(c)三相对称电流的波形图

$\omega t=0$　　　$\omega t=\dfrac{\pi}{2}$　　　$\omega t=\pi$　　　$\omega t=3\pi/2$　　　$\omega t=2\pi$

(d)三相(两极)绕组旋转磁场的形成

图 2-23　三相(两极)定子绕组的旋转磁场的形成

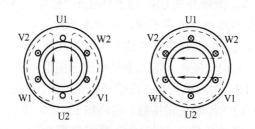

(a) $\omega t = 0$ 时的合成磁场　(b) $\omega t = \pi/2$ 时的合成磁场

图 2-24　旋转磁场转向的改变

　　由此可以得出结论：电动机的转向是由接入三相绕组的电流相序决定的，只要调换电动机任意两相绕组所接的电源接线(相序)，旋转磁场即反向转动，电动机也随之反转。

2. 安装接触器联锁正反转控制线路

　　如图 2-25 所示，电动机主回路分别由两个接触器 KM1 和 KM2 主触头控制。当 KM1 主触头闭合时，电动机正转；当 KM2 主触头闭合时，电动机反向旋转。KM2 主触头的接线方式为中间相不变，两边相对调。理解这个要领后，电动机正反转控制线路的安装、维修都较易掌握。

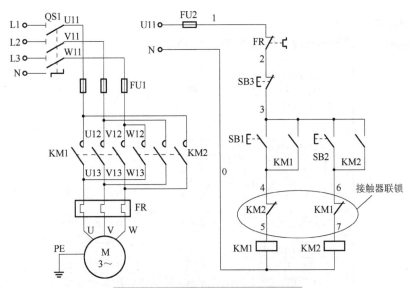

图 2-25 接触器联锁正反转控制线路

【知识链接】 接触器联锁

当接触器联锁分别进行正反转控制时，电路工作正常。当电动机正转时，按下反转启动按钮，KM1、KM2 同时闭合，将形成 L2、L3 相间电源短路故障，如图 2-26 所示。

因此，在采用接触器控制时，必须避免因误操作引起两个接触器同时吸合而造成电源相间短路。在这两个单向运转电路中要加设必要的制约，以确保两个接触器不会同时吸合。图 2-25 所示线路是采用接触器联锁的电动机正反转控制线路。把控制正转的接触器 KM1 常闭触头串接在控制反转的接触器 KM2 线圈回路中，而把控制反转的接触器 KM2 常闭触头串接在控制正转的接触器 KM1 线圈回路中。当一个接触器得电动作时，其常闭辅助触头断开使另一个接触器不能得电动作，接触器间这种相互制约的作用称为接触器联锁（或互锁）。实现联锁作用的辅助触头称为联锁触头。

1）元件布置

电动机接触器联锁元件布置图如图 2-27 所示。

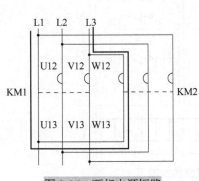

图 2-26 两相电源短路

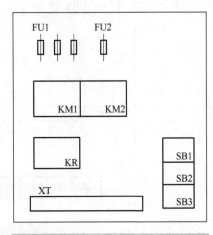

图 2-27 电动机接触器联锁元件布置图

2) 绘制接线图

电动机接触器联锁控制线路接线图如图 2-28 所示。

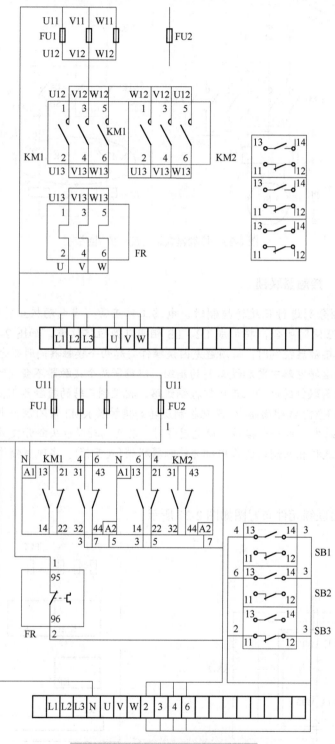

图 2-28　接触器联锁控制线路接线图

3) 按图接线

线路安装应遵循由内到外、横平竖直的原则。尽量做到合理布线、就近走线；编码正确、齐全；接线可靠，不松动、不压皮、不反圈、不损伤线芯。接线后效果如图 2-29 所示。

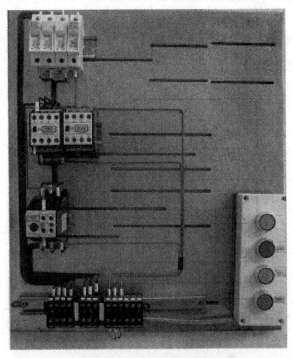

图 2-29　接触器联锁正反转控制线路

4) 通电调试

首先使用万用表进行自检，检查有无短路现象，然后使用兆欧表检查绝缘是否良好。连接电动机进行通电检查，观察电动机有无卡阻现象，热继电器是否动作，接触器工作是否正常，并同时按下正转和反转按钮，观察电路是否会出现短路现象。

【知识链接】　接线图的绘制原则

接线图是根据电气设备和元器件的实际位置与安装情况绘制的，只用来表示电气设备和元器件的位置、配线方式和接线方式，而不明显表示电气动作原理和元器件之间的控制关系。它是电气施工的主要图纸，主要在安装接线、接线检查和故障处理时应用。

接线图的绘制原则如下。

(1) 接线图中一般标示出如下内容：电气设备和元器件的相对位置、文字符号、端子号、导线号、导线类型、导线截面积、屏蔽和导线绞合等(导线类型和截面积在器材中已注明，因此未在图中标注)。

(2) 所有的电气设备和元器件都按其所在的实际位置绘制在图上，且同一电器的各元件根据其实际结构，使用与电路图相同的图形符号画在一起，其文字符号以及接线端子的编号应与电路图中的标注一致，以便对照接线。

(3) 接线图中的导线有单根导线、导线组、电缆之分，可用连续线或中断线表示。凡导线走向相同的可以合并，用线束表示，到达接线端子板或元器件的连接点时再分别画出。

3. 检修正反转控制线路

1) 设置故障

在控制电路中设置一个人为故障使电路无法反转工作。

2) 检修步骤

通过观察分析和电压法测量逐步查找故障点，检修步骤如图 2-30 所示。根据检查步骤和检修结果维修或更换相关元件或线路。

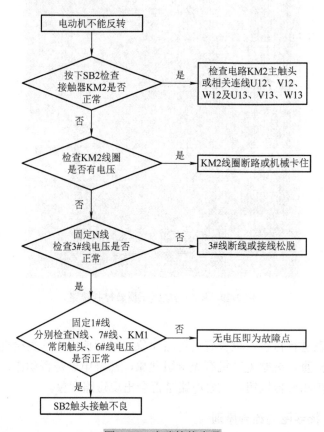

图 2-30　电路检修步骤

注意：在排除故障过程中，故障分析及排除故障的思路和方法要正确。不能随意更改线路和带电触摸电气元件。仪表要正确使用，防止错误判断。带电检修时必须有教师监护，确保安全。

任务 2　安装与检修双重联锁正反转控制线路

通过观察不难发现，当电动机从正转变为反转时，必须先按下停止按钮，才能按反转启动按钮，否则就会由于接触器的联锁作用，不能实现反转。为了克服接触器联锁正反转控制线路操作复杂的不足，在接触器联锁的基础上，又增加了按钮联锁，构成按钮、接触器双重联锁正反转控制电路，如图 2-31 所示。该线路兼有两种联锁控制线路的优点，即操作方便，工作安全可靠。

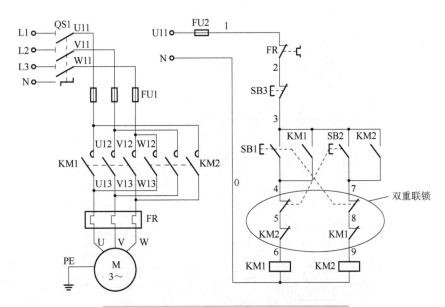

图 2-31　按钮、接触器双重联锁正反转控制线路

1. 安装双重联锁正反转控制线路

1) 元件布置

双重联锁控制线路元件布置图如图 2-32 所示。

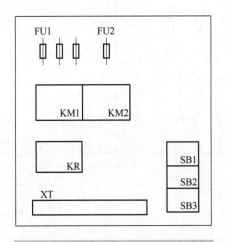

图 2-32　双重联锁控制线路元件布置图

2) 绘制接线图

双重联锁控制线路接线图如图 2-33 所示。

3) 按图接线

线路安装应遵循由内到外、横平竖直的原则。尽量做到合理布线、就近走线；编码正确、齐全；接线可靠，不松动、不压皮、不反圈、不损伤线芯。

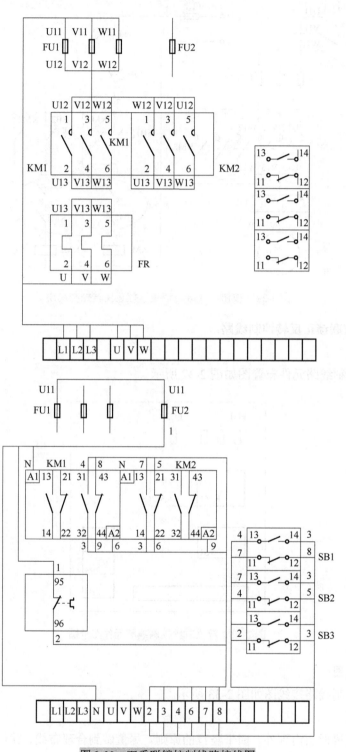

图 2-33 双重联锁控制线路接线图

4)通电调试

首先使用万用表进行自检，检查有无短路现象，使用兆欧表检查绝缘是否良好。然后连接电动机进行通电检查，观察电动机有无卡阻现象，热继电器是否动作，接触器工作是否正常。首先按下正转按钮再按下反转按钮，观察电动机是否能直接从正转切换到反转，并同时按下正转和反转按钮，观察电路是否会出现短路现象。

2. 检修双重联锁正反转控制线路

1)设置故障

在控制电路中设置一个人为故障使电路无法正转工作。

2)检修步骤

通过观察分析和电压法测量逐步查找出故障点，检修步骤如图 2-34 所示。

根据检查步骤和检修结果维修或更换相关元件或线路。

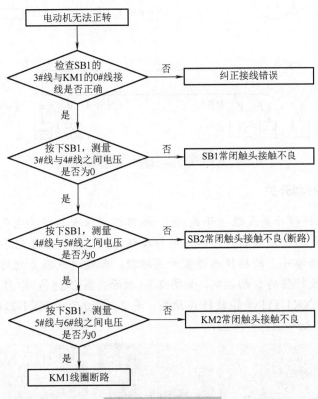

图 2-34　线路检修步骤

任务3　安装与检修自动往返控制线路

通过观察工厂行车工作过程，可以发现在线路中起到重要作用的是行程开关，它不仅具有使机械信号变为电信号的作用，还起到电路保护的作用。图 2-35 为工作台自动往返行程控制电路图。

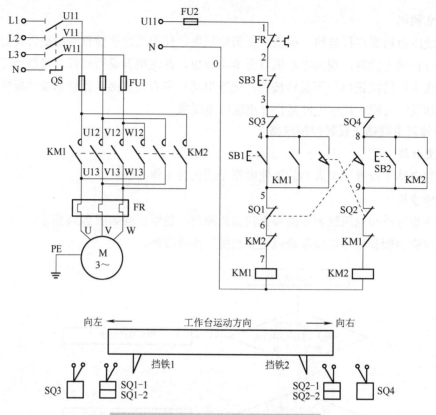

图 2-35　工作台自动往返行程控制电路图

【知识链接】　行程开关

　　位置开关(又称行程开关或限位开关)是一种将机械信号转换为电气信号,以控制运动部件位置或行程的自动控制电器。它的作用与按钮相同,区别在于它不是靠手动操作,而是利用生产机械运动部件上的挡铁与位置开关碰撞,未接通或断开电路,以实现对生产机械运动部件的位置或行程的自动控制,如图 2-36 所示。图 2-36(a) 为 JLXK1-311 按钮式开关,图 2-36(b) 为 JLXK1-111 单轮旋转式开关,图 2-36(c) 为 JLXK1-211 双轮旋转式开关,图 2-36(d)、(e) 为其结构图及符号图。

(a)JLXK1-311　　　　　　(b)JLXK1-111　　　　　　(c)JLXK1-211

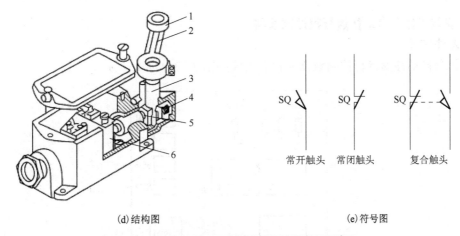

(d) 结构图　　　　　　　　　　　　　(e) 符号图

图 2-36　JLXK1 系列行程开关外形、结构及符号

1-滚轮；2-杠杆；3-转轴；4-复位弹簧；5-撞块；6-微动开关

线路工作原理分析如下（合上 QS）：

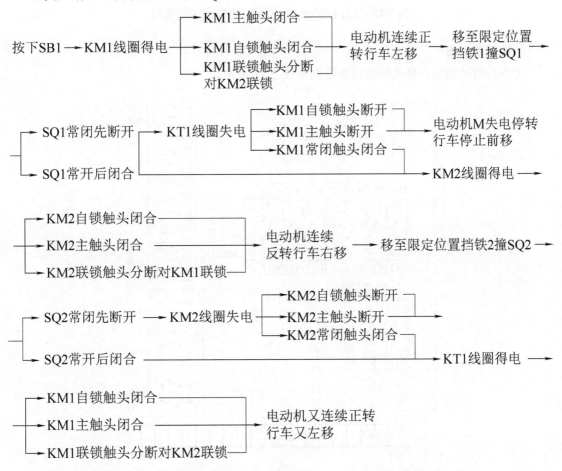

以后重复上述过程，工作台就在限定的行程内自动往返运动。停止时，按下 SB3 ⟶整个控制电路失电 ⟶ KM1（KM2）主触头分断 ⟶ 电动机 M 失电停转 ⟶ 工作台停止运动。

1. 安装工作台自动往返行程控制线路

1)元件布置

工作台自动往返行程控制线路元件布置图如图 2-37 所示。

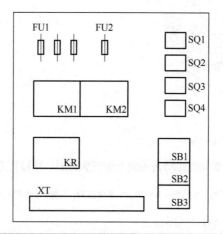

图 2-37　工作台自动往返行程控制线路元件布置图

2)绘制接线图

工作台自动往返行程控制线路接线图如图 2-38 所示。

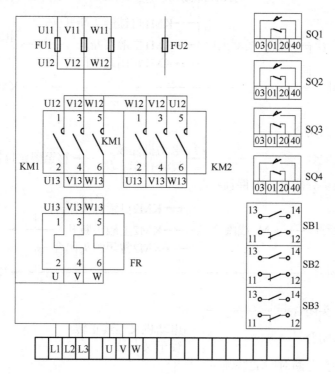

(a)

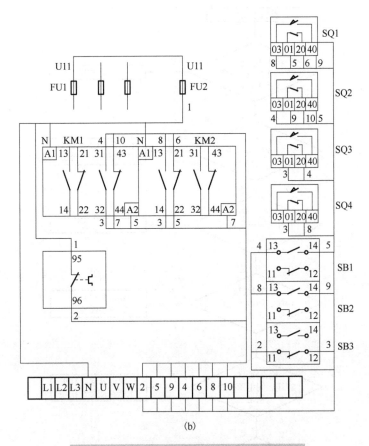

图 2-38　工作台自动往返行程控制线路接线图

3) 按图接线

线路安装应遵循由内到外、横平竖直的原则。尽量做到合理布线、就近走线；编码正确、齐全；接线可靠，不松动、不压皮、不反圈、不损伤线芯。

4) 通电调试

首先使用万用表进行自检，检查有无短路现象，使用兆欧表检查绝缘是否良好。然后连接电动机进行通电检查，观察电动机有无卡阻现象，热继电器是否动作，接触器工作是否正常。首先按下启动按钮，观察电动机是否正转，再手动按下 SQ1，观察电动机正转、停止、反转工作，然后手动按下 SQ2，观察电动机能否再次正转工作。最后按下限位开关，观察电路是否切断。同时按下 SQ1 和 SQ2 观察电路是否有短路保护。

2. 检修工作台自动往返行程控制线路

1) 设置故障

在控制电路中设置一个人为故障使整个电路不能正常工作。

2) 检修步骤

通过观察分析和电压法测量逐步查找故障点，检修步骤如图 2-39 所示。根据检查步骤和检修结果维修或更换相关元件或线路。

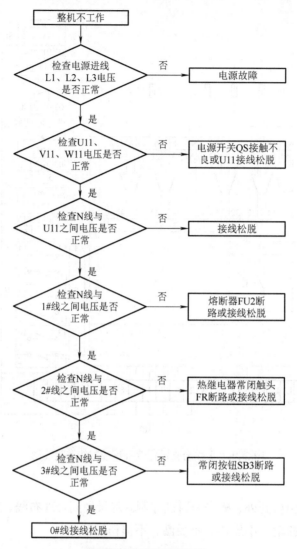

图 2-39　线路检修步骤

任务 4　安装与检修 Y-△降压启动控制线路

观察大功率电动机设备(图 2-40)启动时的工作过程,用钳形电流表测量电路工作电流。

图 2-40　大功率电动机设备

观察中发现，电动机启动时电流很大，一般为额定电流的4～7倍，同时会使电网电压降低，影响同一供电网络中其他设备的正常工作。为了避免大启动电流对电机、电网的不良影响，要采取适当的启动方法来降低启动电流。判断是否需要采取措施的方法是满足 $\frac{I_{ST}}{I_N} \leqslant \frac{3}{4} + \frac{S_N}{4P_N}$ 时，就可采用直接启动。其中，I_{ST} 为电动机启动电流；I_N 为电动机额定电流；S_N 为电源变压器额定容量；P_N 为电动机额定功率。

当电动机功率和电网容量一定时，又该如何解决启动问题呢?为了使电动机的启动电流减小，可以通过降低定子绕组电压的方法来实现，如 Y-△降压、自耦变压器降压启动和定子绕组串电阻启动(适合小功率电机)。

【知识链接】　Y-△降压启动原理

对于正常运行时定子绕组接成三角形接法的笼型异步电动机，可在启动时先将定子绕组做星形连接(Y连接)，此时每相定子绕组承受的电压是电源相电压，为其线电压的 $1/\sqrt{3}$，启动电流为三角形连接的 1/3。待转速上升到一定值时，将定子绕组的接线由 Y 连接改成△连接，电动机便进入全压正常运行状态，这就是 Y-△降压启动原理。凡是正常运转时定子绕组接成三角形连接的笼型异步电动机，在轻载启动时均可采用 Y-△降压启动方法来达到限制启动电流的目的。

三角形连接的电动机轻载或空载启动时，可采用 Y-△降压启动。图 2-41 是 Y-△降压启动线路。

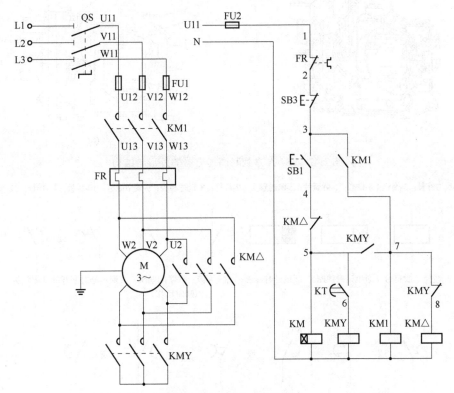

图 2-41　Y-△降压启动线路

其工作原理如下。合上电源开关 QS，电源接通。

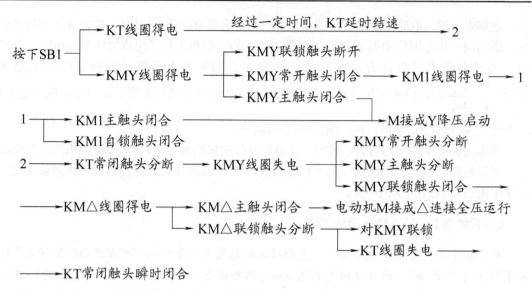

停止时按下 SB2 即可。

【知识链接】　时间继电器

JS7-A 系列时间继电器的外形和结构如图 2-42 所示。图 2-43 为其时间继电器符号。

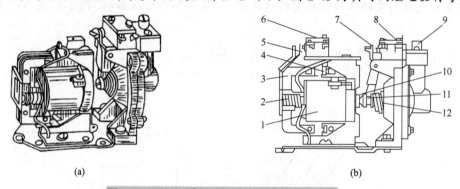

(a)　　　　　　　　　　　　(b)

图 2-42　JS7-A 系列时间继电器的外形与结构

1-线圈；2-反力弹簧；3-衔铁；4-铁心；5-弹簧片；6-瞬时触头；7-杠杆；8-延时触头；9-调节螺钉；10-推板；11-推杆；12-宝塔形弹簧

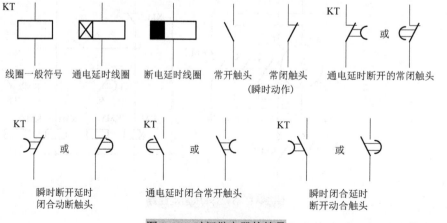

线圈一般符号　通电延时线圈　断电延时线圈　常开触头　常闭触头　通电延时断开的常闭触头
　　　　　　　　　　　　　　　　　　　　　　　（瞬时动作）

瞬时断开延时　　通电延时闭合常开触头　　瞬时闭合延时
闭合动断触头　　　　　　　　　　　　　断开动合触头

图 2-43　时间继电器的符号

它主要由以下几部分组成。

(1)电磁系统。由线圈、铁心、衔铁、反力弹簧及弹簧片组成。

(2)触头系统。由两对瞬时触头(一对常开、一对常闭)和两对延时触头(一对常开、一对常闭)组成。

(3)空气室。空气室是一个空腔,内有一块橡皮膜,可随空气的增减而移动。空气室顶部有调节螺钉可调节延时的长短。

(4)传动机构。传动机构由推杆、活塞杆、杠杆及宝塔形弹簧等组成。

时间继电器的工作原理如下(JS7-A 系列时间继电器结构与原理图如图 2-44 所示)。当线圈通电后,铁心产生吸力将衔铁吸合,通过推板使微动开关 SQ2 立即动作,使其常闭触头瞬时断开,常开触头瞬时闭合。同时活塞杆在宝塔形弹簧作用下,带动与活塞相连的橡皮膜向上运动,运动的速度受进气孔进气速度的限制。由于橡皮膜下方空气室空气稀薄,形成负压,对活塞的移动产生阻尼作用。当空气由进气孔进入时,活塞杆才带动杠杆逐渐上移。经过一段时间,移到最上端,杠杆使微动开关 SQ1 动作,使其常闭触头断开,常开触头闭合。延时时间即为从电磁铁吸引线圈通电时刻起到微动开关动作止的这段时间。延时时间的长短取决于进气的快慢,通过调节螺钉可调节进气孔的大小,即可达到调节延时时间长短的目的。

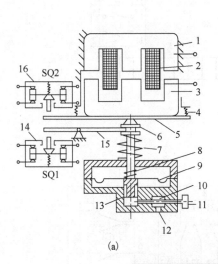
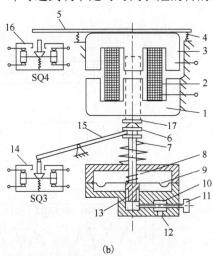

(a)　　　　　　　　　　　(b)

图 2-44　空气阻尼式时间继电器的结构与原理图

1-铁心;2-线圈;3-衔铁;4-反力弹簧;5-推板;6-活塞杆;7-宝塔形弹簧;8-弱弹簧;9-橡皮膜;
10-螺钉;11-调节螺钉;12-进气口;13-活塞;14、16-微动开关;15-杠杆;17-推杆

当线圈断电时,衔铁在反力弹簧的作用下将活塞推向最下端。此时橡皮膜下方腔内的空气通过橡皮膜、弱弹簧和活塞局部形成的单向阀,经上气室缝隙顺利排掉,因此延时与不延时的微动开关 SQ1、SQ2 的各对触头都瞬时复位。

1. 安装 Y-△降压启动控制线路

1)元件布置

Y-△降压启动控制线路元件布置图如图 2-45 所示。

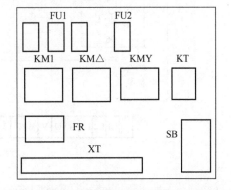

图 2-45　Y-△降压启动控制线路元件布置图

2) 绘制接线图

Y-△降压启动控制线路接线图如图 2-46 所示。

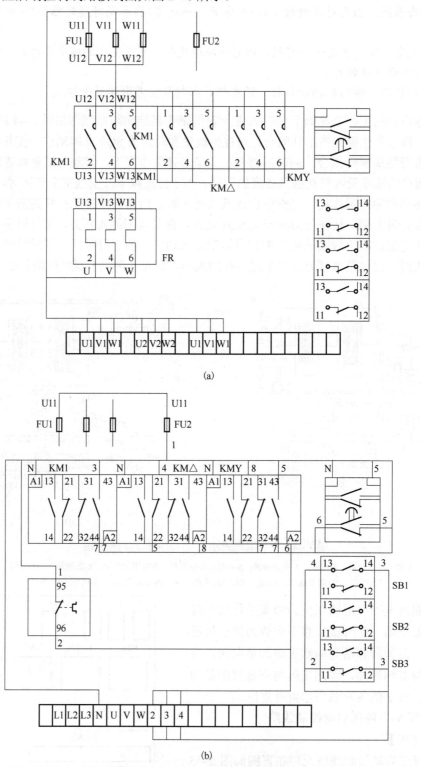

图 2-46　Y-△降压启动控制线路接线图

3) 按图接线

线路安装应遵循由内到外、横平竖直的原则。尽量做到合理布线、就近走线；编码正确、齐全；接线可靠，不松动、不压皮、不反圈、不损伤线芯。

4) 通电调试

首先使用万用表进行自检，检查有无短路现象，使用兆欧表检查绝缘是否良好。然后连接电动机进行通电检查，观察电动机有无卡阻现象，热继电器是否动作，时间继电器和接触器工作是否正常。首先按下启动按钮，观察电动机先 Y 连接启动，用钳形电流表读出线电流的数值，当时间继电器工作一段时间后观察电动机能否从 Y 连接启动跳转到△连接运行，读出此时的线电流大小，比较两组数据是否符合理论分析。

2. 检修 Y-△降压启动控制线路

1) 设置故障

在控制电路中设置一个人为故障使电路无法正常工作。

2) 检修步骤

通过观察分析和电压法测量逐步查找故障点，检修步骤如图 2-47 所示。根据检查步骤和检修结果维修或更换相关元件或线路。

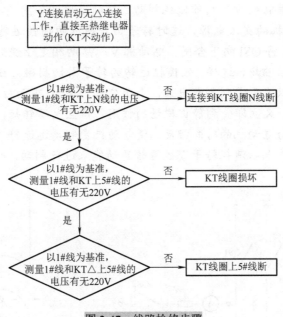

图 2-47　线路检修步骤

【知识链接】　三相异步电动机制动

所谓制动，就是给电动机一个与转动方向相反的转矩使它迅速停止转动(或限速)，一般采用的方法有机械制动与电力制动两种。三相异步电动机在正常旋转时，其转子是顺着旋转磁场方向转动的，这时电动机的转矩方向与旋转方向相同；如果电动机转矩与转子旋转方向相反，电动机将处于制动状态。

1) 机械制动

利用机械装置使电动机断开电源后迅速停转的方法叫作机械制动。常用的机械制动装置是电磁抱闸制动器和电磁离合器制动器。电磁抱闸制动器分为断电制动型和通电制动型两种。图 2-48 是断电制动型电磁抱闸的结构示意图。

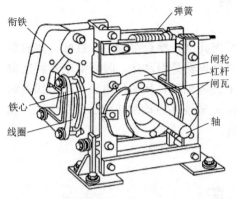

图 2-48　断电制动型电磁抱闸的结构示意图

电磁抱闸主要由制动电磁铁和闸瓦制动器两部分组成，制动电磁铁又有单相和二相之分。闸瓦制动器包括杠杆、闸瓦、闸轮、弹簧等，闸轮与电动机装在同一根转轴上。当制动电磁铁线圈未通电时，闸轮被闸瓦抱住，与之同轴的电动机则不能转动。当制动电磁铁的线圈得电时，闸瓦与闸轮松开，电动机可以转动。

2）电力制动

电力制动就是依靠电气的作用使电动机产生与旋转方向相反的制动转矩，从而使电动机迅速停转的方法。常用的电力制动方法有两种：能耗制动和反接制动。

（1）能耗制动原理。当电动机切断交流电源后，立即在任意两组定子绕组中通入直流电，迫使电动机迅速停转的方法叫作能耗制动。其制动原理如图 2-49 所示。先断开转换开关 QS1，切断电动机的交流电源，这时转子仍沿原方向惯性运转；随后立即合上开关 QS2，接入直流电源并将 QS1 向下合闸，电动机 V、W 两相定子绕组通入直流电，使定子中产生一个恒定的静止磁场，这样，做惯性运转的转子因切割磁力线而在转子绕组中产生感生电流，其方向可以右手定则判断出来，上面应标"⊗"，下面应标"⊙"。转子绕组中一旦产生了感生电流，又立即受到静止磁场的作用，产生电磁转矩，用左手定则判断，可知此转矩的方向正好与电动机的转向相反，使电动机受制动迅速停转。这种制动方法通过在定子绕组中通入直流电以消耗转子惯性运转的动能来进行制动，所以称为能耗制动，又称动能制动。

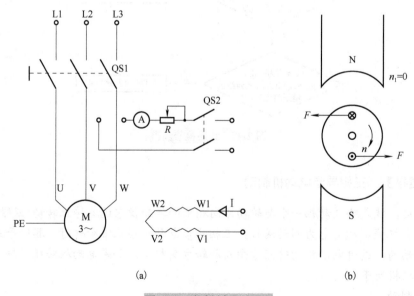

(a)　　　　　　　　　　　　　　　　(b)

图 2-49　能耗制动原理图

（2）反接制动原理。在电动机断开电源停车时，若迅速将三相电源线任意两相对调，就会使旋转磁场反向，转矩方向也随之改变，但转子由于惯性仍按原方向转动，所以电动机因转矩方向与旋转方向相反而处于制动状态，这种制动称为反接制动。图 2-50 为反接制动原理图。

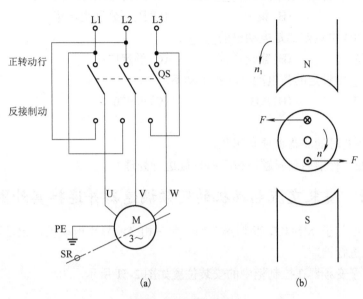

图 2-50　反接制动原理图

n-电动机原转向；n_1-旋转磁场方向

线路工作原理分析如下：图 2-50（a）中的 QS 为倒顺开关，当 QS 向上接合时，通入定子绕组的电源相序为 L1-U、L2-V、L3-W 相，电动机单向正常运行。当电动机需停车时，先拉开关 QS，使电动机的三相电源断开，随后，将开关 QS 迅速向下接合，通过开关对调电源线为 L1-V、L2-U 相，此时旋转磁场方向因电源相序改变而反向，如图 2-50（b）所示，转子因惯性而仍按原方向旋转，此时产生的转矩方向与电动机原转子转动方向相反，对电动机起制动作用，电动机速度迅速减慢直至为零。但如果开关在反接制动位置停留时间过长而没有及时分断，电动机又将进入反转状态。为了避免这种现象，在实用电路中，一般都采用速度继电器进行反接制动的自动控制。

项目（三）　三相交流异步电动机变频调速系统的安装与调试

📖引导文

1）填空题

（1）通常变频器的设计允许它在具有很强＿＿＿＿＿＿＿的工业环境下运行，如果安装的质量良好，就可以确保安全和＿＿＿＿＿＿＿运行。

（2）要 P0005 显示转速设定，必须设定 P0003=＿＿＿＿＿＿＿。

(3)斜坡上升时间参数_____的功能是：设置斜坡函数曲线不带平滑圆弧时，电动机从静止状态加速到_____P0082 所用的时间。

2)选择题

(1)主电路接线与控制电路接线_____走线，控制电缆要用屏蔽电缆。

　(A)分别　　　　　　　(B)集中　　　　　　　(C)既可分别也可集中

(2)参数 P0304 中设定的是电动机的_____。

　(A)额定转速　　　　　(B)额定电流　　　　　(C)额定电压

(3)参数_____中设定的是电动机的额定功率。

　(A)P0307　　　　　　(B)P0310　　　　　　(C)P0970

3)问答题

(1)安装变频器时的注意事项有哪些？

(2)变频器在运行中遇到问题可按哪些措施进行处理？

任务 1　安装交流电动机的变频调速器并连接其外围电路

该任务使用西门子 MM420 变频器控制一台三相交流异步电动机，通过设置参数改变变频器输出频率来进行调速。

通常，西门子变频器在控制柜中的安装位置如图 2-51 所示。

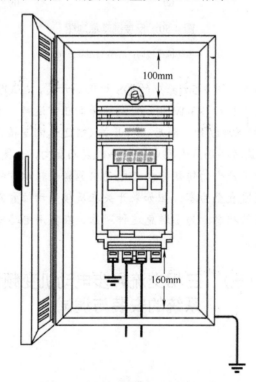

图 2-51　西门子变频器的安装位置

在此要注意如下问题。

(1)不要将变频器装在经常发生振动的地方或电磁干扰源附近。

(2)不要将变频器安装在有灰尘、腐蚀性气体等空气污染的环境里。

（3）不要将变频器安装在潮湿环境中，不要将变频器安装在潮湿管道下面，以避免引起凝结。

（4）安装时应确保变频器通风口畅通，应保证控制柜内有足够的冷却风量，一般可用下列公式计算所需风量：

$$风量(m^3/h) = \frac{变频器额定功率 \times 0.3}{控制柜内允许的温升} \times 3.1$$

必要时可安装柜机风机进行散热。

图 2-52 为 MM420 接线端子图，其中 1#、2#输出控制电压，1#为+10V 电压；2#为 0V 电压；3#为模拟量输入 "+" 端；4#为模拟量输入 "−" 端；5#、6#、7#为开关量输入端；8#为输出开关量控制电压+24V；9#为开关量外接控制电源的接地端；10#、11#为内部继电器对外输出的常开触点；12#、13#为输出的 A/D 信号端；14#、15#为 RS485 通信端口。

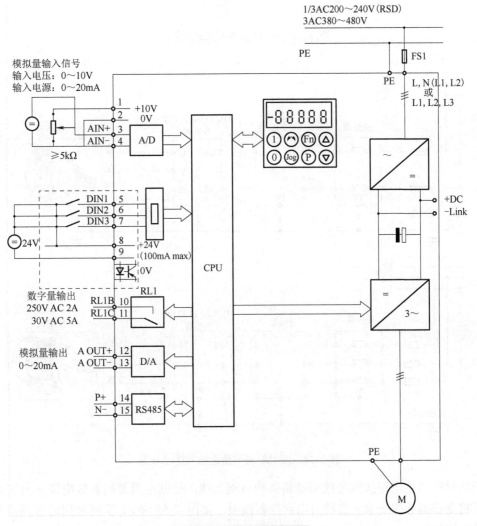

图 2-52　MM420 接线端子

图 2-53 为西门子 MM420 变频器的实际连接端子，打开变频器盖子后可以连接电源和电动机的接线端子。变频器和外围电路的接线必须按图 2-54 所示的方法进行。

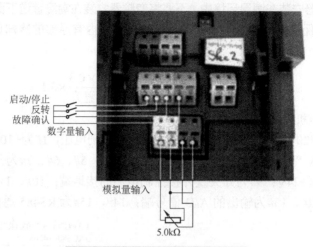

图 2-53　MM420 变频器的连接端子

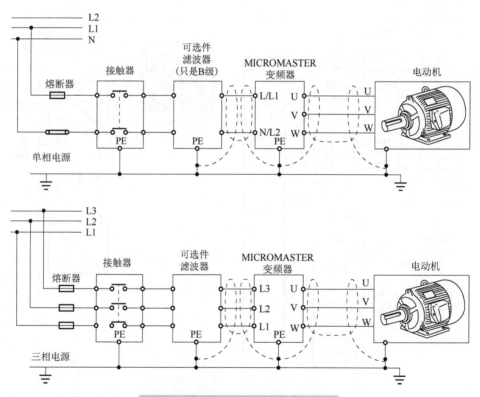

图 2-54　变频器与外围电路的接线方法

　　接线时应将主电路接线与控制电路接线分别走线，控制电缆要用屏蔽电缆。为了方便操作，可将变频器的接线端子引线引出到控制面板，如图 2-55 所示(实际使用时必须按照上述步骤进行接线)。

　　图 2-56 为常用 MM420 变频器面板控制接线原理图，也是变频器主电路的接线原理图。当变频器只使用面板操作时，只需要接主电路的接线即可满足控制要求。

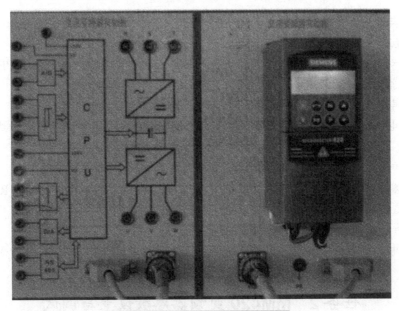

图 2-55 西门子 MM420 实训装置

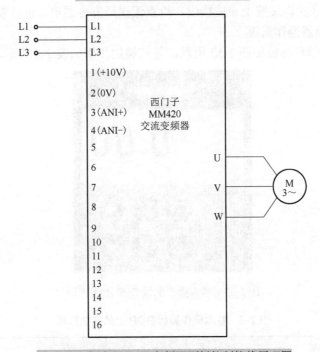

图 2-56 常用 MM420 变频器面板控制接线原理图

【知识链接】 变频器出现问题时的解决措施

通常，变频器的设计允许它在具有很强电磁干扰的工业环境下运行，如果安装的质量良好就可以确保安全和无故障地运行。在运行中遇到问题可按下面的措施进行处理。

(1) 确信机柜内的所有设备都已用短而粗的接地电缆可靠地连接到公共的星形接地点或公共的接地母线。

（2）确信与变频器连接的任何控制设备（如 PLC），也像变频器一样用短而粗的接地电缆连接到同一个接地网或星形接地点。

（3）由电动机返回的接地线直接连接到控制该电动机的变频器的接地端子 PE 上。

（4）接触器的触头最好是扁平的，因为它们在高频时的阻抗较低。

（5）截断电缆的端头时应尽可能整齐，保证未经屏蔽的线段尽可能短。

（6）控制电缆的布线应尽可能远离供电电源线，当单独的走线槽必须与电源线交叉时应采取 90° 直角交叉。

（7）无论何时，与控制回路的连接线都应采用屏蔽电缆。

（8）确信机柜内安装的接触器是带阻尼的，即在交流接触器的线圈上连接有 RC 阻尼回路，在直流接触器的线圈上连接有续流二极管，安装压敏电阻对抑制过电压也是有效的。当接触器由变频器的继电器进行控制时这一点尤其重要。

（9）接到电动机的连接线应采用屏蔽的或带有铠甲的电缆，并用电缆接线卡子将屏蔽层的两端接地。

任务 2　MM420 变频器参数设置与调试

按图 2-55 所示在实训装置上完成接线，检查无误后方可通电，进行参数设置。

1. MM420 变频器操作面板

MM420 变频器操作面板如图 2-57 所示，各按键的作用如表 2-6 所示。

图 2-57　基本操作面板 BOP 上的按键

表 2-6　基本操作面板 BOP 上的按键作用

显示/按钮	功能	功能的说明
┍ˉ0000	状态显示 LCD	显示变频器当前的设定值
Ⅰ	启动变频器	按此键启动变频器。默认值运行时此键是被封锁的。为了使此键的操作有效，应设定 P0700=1
0	停止变频器	OFF1：按此键变频器将按选定的斜坡下降速率减速停车。默认值运行时此键被封锁。为了允许此键操作，应设定 P0700=1 OFF2：按此键两次或一次但时间较长，电动机将在惯性作用下自由停车。此功能总是使能的

续表

显示/按钮	功能	功能的说明
	改变电动机的转动方向	按此键可以改变电动机的转动方向。电动机的反向用负号表示或用闪烁的小数点表示。默认值运行时此键是被封锁的。为了使此键的操作有效，应设定 P0700=1
	电动机点动	在变频器无输出的情况下，按此键将使电动机启动并按预设定的点动频率运行，释放此键时变频器停车。如果变频器/电动机正在运行，按此键将不起作用
	浏览辅助信息	此键用于浏览辅助信息。变频器运行过程中，在显示任何一个参数时按下此键并保持不动 2s，将显示以下参数值。在变频器运行中从任何一个参数开始： (1)直流回路电压用 d 表示(单位 V)； (2)输出电流(单位 A) (3)输出频率(单位 Hz) (4)输出电压用 O 表示(单位 V) (5)由 P0005 选定的数值(如果 P0005 选择显示上述参数中的任何一个，这里(3)、(4)或(5)将不再显示，连续多次按下此键将轮流显示以上参数跳转功能。在显示任何一个参数 r××××或 P××××时)，短时间按下此键将立即跳转到 r0000，如果需要，可以接着修改其他参数。跳转到 r0000 后，按此键将返回原来的显示点
	访问参数	按此键可访问参数
	增加数值	按此键可增加面板上显示的参数数值
	减少数值	按此键可减少面板上显示的参数数值

2. MM420 变频器参数设置

例如，将参数 P0010 设置值由默认的 0 改为 30 的操作流程如下。

(1)按接线图完成接线，检查无误后送电，显示屏显示如图 2-58 所示。

(2)按编程键(P 键)，LED 显示屏显示 r0000，如图 2-59 所示。

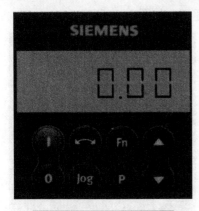

图 2-58　送电后显示屏显示

图 2-59　按编程键

(3)按上升键(▲键)，直到 LED 显示屏显示 P0010，如图 2-60 所示。

（4）按编程键（P 键），LED 显示屏显示 P0010 参数默认的数值 0，如图 2-61 所示。

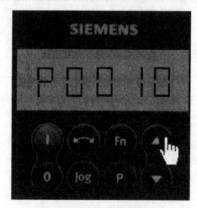

图 2-60　按上升键

图 2-61　再按编程键

（5）按上升键（▲键），直到 LED 显示屏显示值增大达到 30，如图 2-62 所示。

（6）当达到设置的数值时，按编程键（P 键）确认当前设定值，如图 2-63 所示。

图 2-62　再按上升键

图 2-63　第三次按编程键

（7）此时，LED 显示屏显示 P0010，P0010 参数的数值被修改成 30，如图 2-64 所示。

（8）按照上述步骤可对变频器的其他参数进行设置。

（9）当所有参数设置完毕后，可按功能键（Fn 键）返回，如图 2-65 所示。

图 2-64　显示屏显示 P0010

图 2-65　按功能键

（10）此时，显示屏显示 r0000，如图 2-66 所示。

（11）再次按下编程键（P 键），可进入 r0000 的显示状态，如图 2-67 所示。

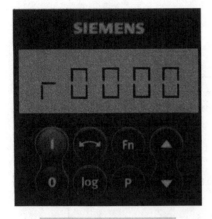

图 2-66　显示屏显示 r0000

图 2-67　第四次按编程键

（12）此时，进入 r0000 的显示状态，显示当前参数，如图 2-68 所示。

图 2-68　显示屏显示当前参数

任务 3　MM420 变频器控制电动机正反转参数设置

1. 用 MM420 变频器控制电动机正反转

1）将变频器复位为工厂的默认设定值

（1）设定 P0010＝30。

（2）设定 P0970＝1，即恢复出厂设置。

大约需要 10s 才能完成复位的全部过程，将变频用的参数复位为工厂的默认设置值。

2）设置电动机参数

用于参数化的电动机铭牌数据如图 2-69 所示。

（1）P0010＝1，快速调试。

（2）P0100＝0，功率（单位 kW），频率默认为 50Hz。

（3）P0304＝380，电动机额定电压（单位 V）。

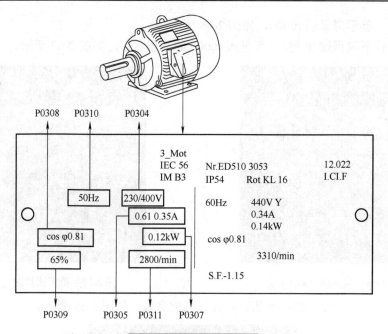

图2-69　电动机铭牌数据

(4) P0305=0.35，电动机额定电流(单位 A)。

(5) P0307=0.12，电动机额定功率(单位 kW)。

(6) P0310=50，电动机额定频率(单位 Hz)。

(7) P0311=2300，电动机额定转速(单位 r/min)。

3)面板操作控制

(1) P0010=1，快速调试。

(2) P1120=5，斜坡上升时间。

(3) P1121=5，斜坡下降时间。

(4) P0700=1，选择由键盘输入设定值(选择命令源)。

(5) P1000=1，选择由键盘(电动电位计)输入设定值。

(6) P1080=0，最低频率。

(7) P1082=50，最高频率。

(8) P0010=0，准备运行。

(9) P0003=2，用户访问等级为扩展级。

(10) P1032=0，允许反向。

(11) P1040=30，设定键盘控制的设定频率。

(12) 在变频器的操作面板上按下运行键，变频器将驱动电动机在 P1120 所设定的斜坡上升时间升速，并运行在由 P1040 所设定的频率值上。

(13) 如果需要，可通过操作面板上的增加键或减少键来改变电动机的运行频率及旋转方向。

(14) 在变频器的操作面板上按下"改变电动机的转动方向"键，变频器将驱动电动机先在 P1121 所设定的斜坡下降时间驱动电动机减速至零，然后在 P1120 所设定的斜坡上升时间升速，并反转运行在由 P1040 所设定的频率值上。

(15)在变频器的操作面板上按下停止键，变频器将驱动电动机在 P1121 所设定的斜坡下降时间驱动电动机减速至零。

【知识链接】 MM420 变频器常用参数

1)驱动装置的显示参数 r0000

功能：显示用户选定的由 P0005 定义的输出数据。

说明：按下 Fn 键并持续 2s，可看到直流回路电压输出电流和输出频率的数值以及选定的 r0000(设定值在 P0005 中定义)。

注意：电流、电压的大小只能通过设定 r0000 参数显示读取，不能使用万用表测量。这是因为万用表只能测量频率为 50Hz 的正弦交流电，变频器的输出不是 50Hz 的正弦交流电，所以万用表的读数在此没有意义。

2)用户访问级参数 P0003

功能：用于定义用户访问参数组的等级。

说明：对于大多数简单的应用对象，采用默认设定值标准模式就可以满足要求的设定值，但若要 P0005 显示转速设定，必须设定 P0003=3。

设定范围：0～4，意义如下。

(1)P0003=0，用户定义的参数表。

(2)P0003=1，标准级可以访问最常用的一些参数。

(3)P0003=2，扩展级允许扩展访问参数的范围，如变频器的 I/O 功能。

(4)P0003=3，专家级，只供专家使用。

(5)P0003=4，维修级，只供授权的维修人员使用(具有密码保护)。

出厂默认值：1。

3)显示选择参数 P0005

功能：选择参数 r0000(驱动装置的显示)要显示的参量，任何一个只读参数都可以显示。

说明：设定值 21、25 等对应的是只读参数号 r0021、r0025 等。

设定范围：2～2294，部分数值意义如下。

(1)P0005=21，实际频率。

(2)P0005=22，实际转速。

(3)P0005=25，输出电压。

(4)P0005=26，直流回路电压。

(5)P0005=27，输出电流。

出厂默认值：21。

注意：若要 P0005 显示转速设定，必须设定 P0003=3。

4)调试参数过滤器 P0010

功能：对与调试相关的参数进行过滤，只筛选出那些与特定功能组有关的参数。

设定范围：0～30，部分数值意义如下。

(1)P0010=0，准备。

(2)P0010=1，快速调试。

(3)P0010=2，变频器。

(4) P0010=29，下载。

(5) P0010=30，工厂的设定值。

出厂默认值：0。

注意：在变频器投入运行之前应将 P0010 置 0。

5) 使用地区参数 P0100

功能：用于确定功率设定值，如铭牌的额定功率 P0307 的单位是 kW 还是 hp。

说明：除了基准频率 P2000 以外，还有铭牌的额定频率默认值 P0310 和最大电动机频率 P1082 的单位也都在这里自动设定。

设定范围：0～2，意义如下。

(1) P0100=0 (欧洲，单位为 kW)，频率默认值为 50Hz。

(2) P0100=1 (北美，单位为 hp)，频率默认值为 60Hz。

(3) P0100=2 (北美，单位为 kW)，频率默认值为 60Hz。

出厂默认值：0。

注意：本参数只能在 P0010=1 快速调试时进行修改。

6) 电动机的额定电压参数 P0304

功能：设置电动机铭牌数据中的额定电压。

说明：设定值的单位为 V。

设定范围：10～2000。

出厂默认值：400。

注意：本参数只能在 P0010=1 快速调试时进行修改。当电动机为 Y 连接时设定为 U_N，电动机为△连接时设定为 $U_N/\sqrt{3}$，以保证电动机的相电压。

7) 电动机额定电流参数 P0305

功能：设置电动机铭牌数据中的额定电流。

说明：

(1) 设定值的单位为 A。

(2) 对于异步电动机，其电流的最大值定义为变频器的最大电流 r0209。

(3) 对于同步电动机，其电流的最大值定义为变频器最大电流 r0209 的 2 倍。

(4) 电动机电流的最小值定义为变频器额定电流 r0207 的 1/32。

设定范围：0.01～10000.00。

出厂默认值：3.25。

注意：本参数只能在 P0010=1 快速调试时进行修改。当电动机为 Y 连接时设定为 I_N，电动机为△连接时设定为 $\sqrt{3}I_N$，以保征电动机的相电流。

8) 电动机额定功率参数 P0307

功能：设置电动机铭牌数据中的额定功率。

说明：设定值的单位为 kW。

设定范围：0.01～2000.00。

出厂默认值：0.75。

注意：本参数只能在 P0010=1 快速调试时进行修改。

9) 电动机的额定功率因数参数 P0308

功能：设置电动机铭牌数据中的额定功率因数。

设定范围：0.000～1.000。

出厂默认值：0.000。

注意：

(1) 本参数只能在 P0010=1 快速调试时进行修改。

(2) 当参数的设定值为 0 时，将由变频器内部计算功率因数。

10) 电动机的额定频率参数 P0310

功能：设置电动机铭牌数据中的额定频率。

说明：设定值的单位为 Hz。

设定范围：12.00～650.00。

出厂默认值：50。

注意：

(1) 本参数只能在 P0010=1 快速调试时进行修改。

(2) 如果这一参数进行了修改，变频器将自动重新计算电动机的极对数。

11) 电动机的额定转速参数 P0311

功能：设置电动机铭牌数据中的额定转速。

说明：

(1) 设定值的单位为 r/min。

(2) 参数的设定值为 0 时，将由变频器内部计算电动机的额定速度。

(3) 对于带有速度控制器的矢量控制和 *V/f* 控制方式必须有这一参数值。

(4) 在 *V/f* 控制方式下需要进行滑差补偿时必须要有这一参数才能正常运行。

(5) 如果这一参数进行了修改，变频器将自动重新计算电动机的极对数。

设定范围：0～40000。

出厂默认值：1390。

注意：本参数只能在 P0010=1 快速调试时进行修改。

12) 选择命令源参数 P0700

功能：选择数字的命令信号源。

设定范围：0～99，部分数值意义如下。

(1) P0700=0，工厂的默认设置。

(2) P0700=1，BOP 键盘设置。

(3) P0700=2，由端子排输入。

(4) P0700=4，通过 BOP 链路的 USS 设置。

(5) P0700=5，通过 COM 链路的 USS 设置。

(6) P0700=6，通过 COM 链路的通信板 CB 设置。

出厂默认值：2。

注意：改变 P0700 参数时，同时使所选项目的全部设置值复位为工厂的默认设置值。

13) 频率设定值的选择参数 P1000

功能：设置选择频率设定值的信号源。

设定范围：0～66，部分数值意义如下。

(1) P1000=1，MOP 设定值。

(2) P1000=2，模拟设定值。

(3) P1000=3，固定频率。

出厂默认值：2。

14) MOP 设定值参数 P1040

功能：确定电动电位计设定(P1000=1)时的频率设定值。

说明：设定值的单位为 Hz。

设定范围：-650.00～650.00。

出厂默认值：5.00。

15) 最低频率参数 P1080

功能：设定最低的电动机运行频率。

说明：设定值的单位为 Hz。

设定范围：0.00～650.00。

出厂默认值：0.00。

注意：

(1) 这里设定的数值既适用于顺时针方向转动，也适用于逆时针方向转动。

(2) 在一定条件下，如正在按斜坡函数曲线运行，电流达到极限，电动机运行的频率可以低于最低频率。

16) 最高频率参数 P1082

功能：设定最高的电动机运行频率。

说明：设定值的单位为 Hz。

设定范围：0.00～650.00。

出厂默认值：50.00。

注意：

(1) 这里设定的数值既适用于顺时针方向转动，也适用于逆时针方向转动。

(2) 电动机可能达到的最高运行速度受到机械强度的限制。

17) 斜坡上升时间参数 P1120

功能：斜坡函数曲线不带平滑圆弧时，电动机从静止状态加速到最高频率 P1082 所用的时间，如图 2-70 所示。

说明：如果设定的斜坡上升时间太短就有可能导致变频器跳闸过电流。

设定范围：0.00～650.00。

出厂默认值：10.00。

18) 斜坡下降时间参数 P1121

功能：斜坡函数曲线不带平滑圆弧时，电动机从最高频率 P1082 减速到静止停车所用的时间，如图 2-71 所示。

说明：如果设定的斜坡下降时间太短就有可能导致变频器跳闸过电流、过电压。

设定范围：0.00～650.00。

出厂默认值：10.00。

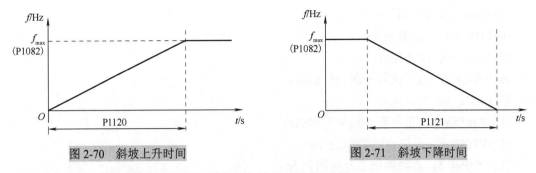

图 2-70　斜坡上升时间　　　　　　　　　　　　　图 2-71　斜坡下降时间

2. 用 MM420 变频器外部开关量操作控制电动机正反转

该任务使用一个开关控制变频器的启动与停止，并通过参数设置来达到控制要求。图 2-72 中用带锁的按钮 SB14、SB15、SB16 来控制变频器的 5#、6#、7#开关量输入引脚，实现电动机的正反转运行。

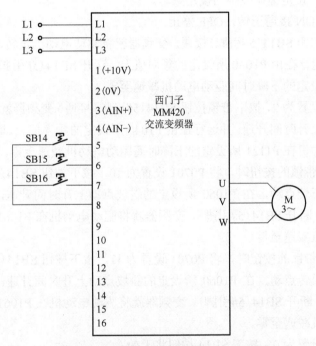

图 2-72　MM420 变频器开关量控制接线图

1)将变频器复位为工厂的默认设定值

步骤同前。

2)设置电动机参数

步骤同前。

3)开关量操作控制

(1)P0010=1，快速调试。

(2)P1120=5，斜坡上升时间。

(3)P1121=5，斜坡下降时间。

(4)P1000=1，选择由键盘(电动电位计)输入设定值。

（5）P1080=0，最低频率。

（6）P1082=50，最高频率。

（7）P0010=0，准备运行。

（8）P0003=2，用户访问等级为扩展级。

（9）P1031=0，允许反向。

（10）P1058=10，正向点动频率为10Hz。

（11）P1059=8，反向点动频率为8Hz。

（12）P1060=5，点动斜坡上升时间为5s。

（13）P1061=5，点动斜坡下降时间为5s。

（14）P7000=2，命令源选择"由端口输入"。

（15）P0003=2，用户访问级选择"扩展级"。

（16）P1040=30，设定键盘控制的设定频率。

（17）P0701=1，ON接通正转，OFF停止。

（18）按下带锁按钮SB14（5#引脚）接通，变频器就将驱动电动机正转，在P1120所设定的上升时间升速，并运行在由P1040所设定的频率值上。断开SB14（5#引脚），变频器就将驱动电动机在P1121所设定的下降时间驱动电动机减速至零。

（19）将P0701设置为2，按下带锁按钮SB14（5#引脚）接通，变频器就将驱动电动机反转，在P1120所设定的上升时间升速，并运行在由P1040所设定的频率值上。断开SB14（5#引脚），变频器就将驱动电动机在P1121所设定的下降时间驱动电动机减速至零。

（20）SB14为不带锁的按钮时，将P0701设置为10，按下按钮SB14（5#引脚）接通，变频器就将驱动电动机正转点动，在P1060所设定的斜坡点动上升时间升速，并运行在由P1058所设定的频率值上。断开SB14（5#引脚），变频器就将驱动电动机在P1061所设定的斜坡点动下降时间驱动电动机减速至零。

（21）SB14为不带锁的按钮时，将P0701设置为11，按下按钮SB14（5#引脚）接通，变频器就将驱动电动机反转点动，在P1060所设定的斜坡点动上升时间升速，并运行在由P1059所设定的频率值上。断开SB14（5#引脚），变频器就将驱动电动机在P1061所设定的斜坡点动下降时间驱动电动机减速至零。

（22）将P0701设置为0，按下SB14按钮将无效。

（23）依次将P0701替换为P0702、P0703，则外部控制由SB15（6#引脚）、SB16（7#引脚）控制。

（24）可分别设置P0701、P0702、P0703，分别进行不同功能的控制。

【知识链接】　MM420变频器外部开关量操作常用参数

1）正向点动频率参数P1058

功能：选择正向点动时由这一参数确定变频器正向点动运行的频率。

说明：所谓点动是指以很低的速度驱动电动机转动，点动操作由面板上的点动键（jog键）控制，或由连接在一个数字输入端的不带锁的按钮控制，按下时接通，松开时自动复位。

设定值的单位为 Hz。

设定范围：0.00～650.00。

出厂默认值：5.00。

2) 反向点动频率参数 P1059

功能：选择反向点动时由这一参数确定变频器正向点动运行的频率。

说明：设定值的单位为 Hz。

设定范围：0.00～650.00。

出厂默认值：5.00。

注意：点动时采用的斜坡上升和下降时间分别在参数 P1060 和 P1061 中设定。

3) 点动的斜坡上升时间参数 P1060

功能：设定点动斜坡曲线的上升时间，如图 2-73 所示。

说明：设定值的单位为 s。

设定范围：0.00～650.00。

出厂默认值：10.00。

4) 点动的斜坡下降时间参数 P1061

功能：设定点动斜坡曲线的下降时间，如图 2-74 所示。

说明：设定值的单位为 s。

设定范围：0.00～650.00。

出厂默认值：10.00。

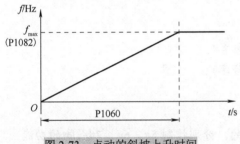

图 2-73　点动的斜坡上升时间

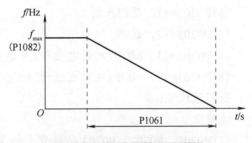

图 2-74　点动的斜坡下降时间

5) 数字输入 1 的功能参数 P0701

功能：选择数字输入 1(5#引脚)的功能。

设定范围：0～99，部分数值意义如下。

(1) P0701=0，禁止数字输入。

(2) P0701=1，接通正转停车命令 1。

(3) P0701=2，接通反转停车命令 1。

(4) P0701=10，正向点动。

(5) P0701=11，反向点动。

(6) P0701=12，反转。

(7) P0701=13，MOP(电动电位计)升速(增加频率)。

(8) P0701=14，MOP(电动电位计)降速(减少频率)。

出厂默认值：1。

6) 数字输入 2 的功能参数 P0702

功能：选择数字输入 2(6#引脚)的功能。

设定范围：0~99，部分数值意义如下。

(1)P0702=0，禁止数字输入。

(2)P0702=1，接通正转/停车命令 1。

(3)P0702=2，接通反转/停车命令 1。

(4)P0702=10，正向点动。

(5)P0702=11，反向点动。

(6)P0702=12，反转。

(7)P0702=13，MOP(电动电位计)升速(增加频率)。

(8)P0702=14，MOP(电动电位计)降速(减少频率)。

出厂默认值：12。

7) 数字输入 3 的功能参数 P0703

功能：选择数字输入 3(7#引脚)的功能。

设定范围：0~99，部分数值意义如下。

(1)P0703=0，禁止数字输入。

(2)P0703=1，接通正转/停车命令 1。

(3)P0703=2，接通反转/停车命令 1。

(4)P0703=10，正向点动。

(5)P0703=11，反向点动。

(6)P0703=12，反转。

(7)P0703=13，MOP(电动电位计)升速(增加频率)。

(8)P0703=14，MOP(电动电位计)降速(减少频率)。

出厂默认值：9。

注意：

(1)P0701、P0702、P0703 的设置参数是相同的，分别控制 5#、6#、7#引脚的功能。

(2)可将 P0701、P0702、P0703 设置为不同功能，独立进行控制。

3. 活动设计

(1)根据图 2-54、图 2-56(或图 2-72)连接变频器及外围电路。

(2)按图 2-58~图 2-68 所示的方法设置变频器的相关参数。

(3)操作变频器面板(或变频器外部开关量)，控制电动机正反转。

任务 4　用 MM420 交流变频器实现传送带控制的设置

在实际工作中经常会碰到一些模拟量控制信号，如压力、温度等，有时常用这些信号来控制变频器的输出。图 2-75(a)为车床调速电位器给定形式，图 2-75(b)为分段调速频率给定形式。

1. 用 MM420 交流变频器实现传送带控制的设置

用一个电位器来替代该模拟信号的输入，以控制电动机拖动的传送带运行，从而进一步了解模拟量控制变频器的参数设置情况，如图 2-76 所示。

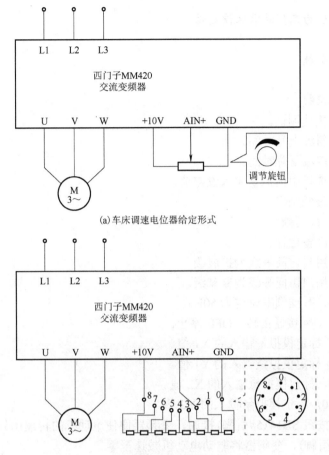

(a)车床调速电位器给定形式

(b)分段调速频率给定形式

图 2-75　模拟量控制信号的应用

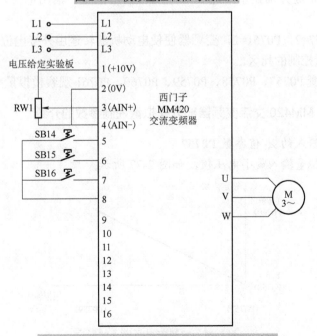

图 2-76　MM420 交流变频器模拟量控制线路图

1)将变频器复位为工厂的默认设定值

步骤同前。

2)设置电动机参数

步骤同前。

3)模拟量操作控制

(1)P0010=1，快速调试。

(2)P1120=5，斜坡上升时间。

(3)P1121=5，斜坡下降时间。

(4)P1000=2，选择由模拟量输入设定值。

(5)P1080=0，最低频率。

(6)P1082=50，最高频率。

(7)P0010=0，准备运行。

(8)P0003=2，用户访问等级为扩展级。

(9)P0003=3，用户访问等级为专家级。

(10)P2000=50，基准频率设定为50Hz。

(11)P0701=1，ON接通正转，OFF停止。

(12)P0757=0，标定模拟量输入的X1值。

(13)P0758=0，标定模拟量输入的Y1值。

(14)P0759=10，标定模拟量输入的X2值。

(15)P0760=100，标定模拟量输入的Y2值。

(16)按下带锁按钮SB14(5#引脚)接通，变频器便使电动机的转速由外接电位器RW1控制。断开SB14(5#引脚)，变频器将驱动电动机减速至零。

(17)设置P0005=22，按下带锁按钮SB14(5#引脚)接通，变频器显示当前RW1控制的转速，可通过按Fn键分别显示直流环节电压、输出电压、输出电流、频率、转速的循环切换。

(18)设置P0757=2，P0761=2，变频器便使电动机的转速由外接电位器RW1控制，同时2V以下变为模拟量控制的死区。

(19)可分别改变P0757、P0758、P0759、P0760、P0761观察模拟量控制的现象。

【知识链接】　　MM420交流变频器部分模拟量控制参数的介绍

1)标定模拟量输入的 X_1 值参数 P0757

功能：配置模拟量输入最小电压值，如图2-77所示。

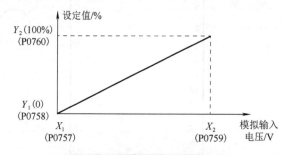

图2-77　配置模拟量输入的标定

说明：设定值的单位为 V。

设定范围：0～10。

出厂默认值：0。

2）标定模拟量输入的 Y_1 值参数 P0758

功能：配置模拟量输入最小电压值，对应地输出模拟量设定值，如图 2-77 所示。

说明：模拟量设定值是标称化以后采用基准频率的百分数表示的。

设定范围：-99999.9～99999.9。

出厂默认值：0.0。

3）标定模拟量输入的 X_2 值参数 P0759

功能：配置模拟量输入最大电压值

说明：设定值的单位为 V。

设定范围：0～10。

出厂默认值：10。

4）标定模拟量输入的 Y_2 值参数 P0760

功能：配置模拟量输入最大电压值，对应地输出模拟量设定值，如图 2-77 所示。

说明：模拟量设定值是标称化以后采用基准频率的百分数表示的。

设定范围：-99999.9～99999.9。

出厂默认值：100.0。

5）模拟量输入死区的宽度 P0761

功能：定义模拟输入特性死区的宽度。

应用举例：

（1）模拟量输入值为 2～10V 对应于输出为（0～50Hz），如图 2-78 所示。

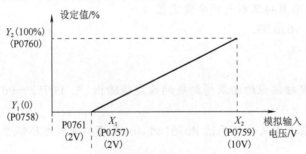

图 2-78　2～10V 的模拟输入

这一例子中将得到 2～10V 的模拟输入（0～50Hz），参数中 P0757=2V，P0761=2V，P2000=50Hz。

（2）模拟量输入值为 2～10V 相应于输出为-50～+50Hz，如图 2-79 所示。

这一例子中将得到 2～10V 的模拟输入（-50～+50Hz），带有中心为 0 且有 0.2V 宽度的"支撑点"（死区）。

设定值的单位为 V。

设定范围：0～10。

出厂默认值：0。

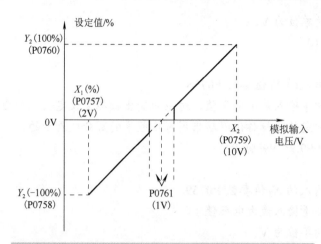

图 2-79 模拟量输入值为 2～10V 相应于输出为-50～+50Hz

注意:

(1)如果 P0758 和 P0760 ADC 标定的 Y_1 和 Y_2 坐标的值都是正的或都是负的,那么从 0V 开始到 P0761 的值为死区。

(2)但是如果 P0758 和 P0760 的符号相反,那么死区在 X 轴与 ADC 标定曲线的两侧。

(3)当设定中心为 0 时,频率最小值 P0080 应该是 0 在死区的末端没有回线。

6)信号丢失的延迟时间参数 P0762

功能: 定义模拟设定值信号丢失到故障码 F0080 出现之间的延迟时间。

设定范围: 0～10000。

出厂设定值: 10。

7)P2000 基准频率

功能: 模拟设定采用的满刻度频率设定值。

设定范围: 1.00～650.00。

出厂默认值: 50.00。

注意:

(1)如果模拟标定框编程的结果得到负的设定值输出(见 P0757～P0760),则模拟量控制功能被禁止。

(2)投入监控功能并定义一个死区 P0761 时,如果模拟输入电压低于 50%的死区电压,将产生故障状态 F0080。

2. 活动设计

(1)根据图 2-54、图 2-56 连接变频器及外围电路。

(2)按图 2-58～图 2-68 所示的方法设置变频器参数。

(3)按任务 4 的操作步骤设置相关参数。

(4)操作变频器外部开关和模拟量电位器,观察传送带的控制情况。

2.4 考核建议

考核建议如表 2-7～表 2-9 所示。

表2-7 考核建议表(一)

职业技能考核		职业素养考核	
要求1	根据图 2-9 的要求选择合适的器件,并对器件进行检测	安全	按安全用电要求进行操作
教师评价		教师评价	
要求2	根据图 2-9 的要求进行安装与调试	文明操作	(1)器件是否有损坏 (2)是否发生事故 (3)是否有不文明行为
教师评价		教师评价	
要求3	运用电阻分段测量法、电压分段测量法排除 1~2 个故障		
教师评价			

表2-8 考核建议表(二)

职业技能考核		职业素养考核	
要求1	根据图 2-10 的要求进行安装与调试	安全	按安全用电要求进行操作
教师评价		教师评价	
要求2	运用电阻分段测量法、电压分段测量法排除 1~2 个故障	文明操作	(1)器件是否有损坏 (2)是否发生事故 (3)是否有不文明行为
教师评价		教师评价	
要求3	绘制按钮、接触器双重联锁的电气原理图		
教师评价			

表2-9 考核建议表(三)

职业技能考核		职业素养考核
要求1	用变频器面板控制传送带	
教师评价		
要求2	用开关量控制变频器	安全文明操作
教师评价		
要求3	用模拟量控制变频器	
教师评价		

2.5 知 识 拓 展

1. 变频器多段速度运行控制的应用

很多时候通常要求一个电动机在不同情况下以不同的转速来控制生产机械,如龙门刨床系统、电梯系统、传送带等。图 2-80 为龙门刨床刨台往复运动的示意图。可见在不同时段,要求电动机的速度是不同的,此时可采用多段频率控制变频器的形式控制不同时段电动机的转速。

此时,可以使用一组开关配合,通过参数设置来达到控制变频器不同频段要求的某一频率(或某一转速)。可以用带锁按钮 SB14、SB15、SB16 三个开关分别控制 5#、6#、7#数字量输入端来实现固定频率控制,如图 2-72 所示。

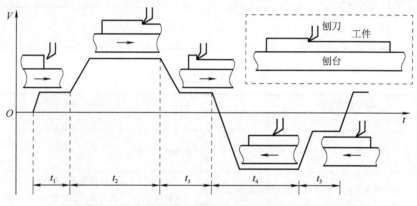

图 2-80　多段速度运行控制的应用——龙门刨床刨台往复运动

1)将变频器复位为工厂的默认设定值

步骤同前。

2)设置电动机参数

步骤同前。

3)直接选择的固定频率控制

(1)P0010=1,快速调试。

(2)P1120=5,斜坡上升时间。

(3)P1121=5,斜坡下降时间。

(4)P1000=3,选择由模拟量输入设定值。

(5)P1080=0,最低频率。

(6)P1082=50,最高频率。

(7)P0010=0,准备运行。

(8)P0003=3,用户访问等级选择专家级。

(9)P0701=1,ON 接通正转,OFF 停止。

(10)P0702=15,固定频率设置(直接选择)。

(11)P0703=15,固定频率设置(直接选择)。

(12)P1002=10,第二段固定频率为 10Hz。

(13) P1003=30，第三段固定频率为 30Hz。

(14) 按下 SB14(5#引脚)电动机启动，此时可用 SB15(6#引脚)、SB16(7#引脚)选择 P1002、P1003 所设置的频率。

(15) 断开 SB14(5#引脚)，电动机减速为 0，停止运行。

4) 直接选择+启动命令的固定频率控制

(1) P0010=1，快速调试。

(2) P1120=5，斜坡上升时间。

(3) P1121=5，斜坡下降时间。

(4) P1000=3，选择由模拟量输入设定值。

(5) P1080=0，最低频率。

(6) P1082=50，最高频率。

(7) P0010=0，准备运行。

(8) P0003=3，用户访问等级选择专家级。

(9) P0701=16，固定频率设置(直接选择+启动命令)。

(10) P0702=16，固定频率设置(直接选择+启动命令)。

(11) P0703=16，固定频率设置(直接选择+启动命令)。

(12) P1001=−15，第一段固定频率为−15Hz。

(13) P1002=10，第二段固定频率为 10Hz。

(14) P1003=30，第三段固定频率为 30Hz。

(15) 可用 SB14(5#引脚)、SB15(6#引脚)、SB16(7#引脚)选择 P1001、P1002、P1003 所设置的频率。

(16) 断开 SB14(5#引脚)、SB15(6#引脚)、SB16(7#引脚)，则电动机减速为 0，停止运行。

5) 二进制编码选择+启动命令的固定频率控制

(1) P0010=1，快速调试。

(2) P1120=5，斜坡上升时间。

(3) P1121=5，斜坡下降时间。

(4) P1000=3，选择由模拟量输入设定值。

(5) P1080=0，最低频率。

(6) P1082=50，最高频率。

(7) P0010=0，准备运行。

(8) P0003=3，用户访问等级选择专家级。

(9) P0701=17，固定频率设置(二进制编码选择+启动命令)。

(10) P0702=17，固定频率设置(二进制编码选择+启动命令)。

(11) P0703=17，固定频率设置(二进制编码选择+启动命令)。

(12) P1001=−15，第一段固定频率为−15Hz。

(13) P1002=10，第二段固定频率为 10Hz。

(14) P1003=30，第三段固定频率为 30Hz。

(15) P1004=18，第二段固定频率为 18Hz。

(16) P1005=36，第二段固定频率为 36Hz。

(17) P1006=20，第二段固定频率为 20Hz。

(18) P1007=-32，第一段固定频率为-32Hz。

(19) 按下 SB14(5#引脚)电动机启动，此时可用 SB15(6#引脚)、SB16(7#引脚)选择 P1001~P1007 所设置的频率。

(20) 断开 SB14(5#引脚)、SB15(6#引脚)、SB16(7#引脚)，则电动机减速为 0，停止运行。

(21) 设置 P0005=22，按下带锁按钮 SB14(5#引脚)接通，变频器显示当前 RW1 控制的转速，可通过按 Fn 键分别显示直流环节电压、输出电压、输出电流、频率、转速循环切换。

2. MM420 交流变频器多段固定频率操作常用参数

1) 数字输入 1 的功能参数 P0701

功能：选择数字输入 1(5#引脚)的功能。

设定范围：0~99，部分数值意义如下。

(1) P0701=15，固定频率设置(直接选择)。

(2) P0701=16，固定频率设置(直接选择+启动命令)。

(3) P0701=17，固定频率设置(二进制编码选择+启动命令)。

出厂默认值：1。

2) 数字输入 2 的功能参数 P0702

功能：选择数字输入 2(6#引脚)的功能。

设定范围：0~99，部分数值意义如下。

(1) P0702=15，固定频率设置(直接选择)。

(2) P0702=16，固定频率设置(直接选择+启动命令)。

(3) P0702=17，固定频率设置(二进制编码选择+启动命令)。

出厂默认值：12。

3) 数字输入 3 的功能参数 P0703

功能：选择数字输入 3(7#引脚)的功能。

设定范围：0~99，部分数值意义如下。

(1) P0703=15，固定频率设置(直接选择)。

(2) P0703=16，固定频率设置(直接选择+启动命令)。

(3) P0703=17，固定频率设置(二进制编码选择+启动命令)。

出厂默认值：9。

4) 固定频率 1~7 参数 P1001~1007

功能：定义固定频率 1~7 的设定值。

说明：设定值的单位为 Hz。

设定范围：-650.00~650.00。

出厂默认值：0.00~30.00。

3. 固定频率的控制方式

1) 直接选择

将 P0701~P0703 参数均设置为 15，即直接选择。此时可通过 SB14、SB15、SB16 分别控制 5#、6#、7#引脚选择输出的频率，5#引脚接通选择 FF1(P1001 中设置的第一段频率)，6#引脚接通选择 FF2(P1002 中设置的第二段频率)，7#引脚接通选择 FF3(P1003 中设置的第三段频率)。

在这种操作方式下，一个数字输入即选择一个固定频率。如果有几个固定频率输入，同时被激活选定的频率是它们的总和，如 FF1+FF2+FF3。

注意：此时 SB14(5#引脚)、SB15(6#引脚)、SB16(7#引脚)只是选择控制的频率，必须另加启动信号，才能使变频器投入运行，才能控制电动机的运行。

例如：为了加入启动信号，可将 5#引脚设置为正转启动，即将 P0701 设置为 1，将 P0702 和 P0703 设置为 15。按下 SB14(5#引脚)电动机启动，此时可用 SB15(6#引脚)、SB16(7#引脚)选择 P1002、P1003 所设置的频率。

注意：此时 SB14(5#引脚)作为启动信号，变频器才有输出，才能控制电动机的运行，则 P1001 中的频率不能输出。

2) 直接选择+启动命令

将 P0701～P0703 参数均设置为 16，即直接选择+启动命令。此时可通过 SB14、SB15、SB16 分别控制 5#、6#、7#引脚选择输出的频率，5#引脚接通选择 FF1(P1001 中设置的第一段频率)，6#引脚接通选择 FF2(P1002 中设置的第二段频率)，7#引脚接通选择 FF3(P1003 中设置的第三段频率)。

在这种操作方式下，一个数字输入即选择一个固定频率。如果有几个固定频率输入，同时被激活选定的频率是它们的总和，如 FF1+FF2+FF3。

注意：此时 SB14(5#引脚)、SB15(6#引脚)、SB16(7#引脚) 既有选定的固定频率又带有启动命令，不必另加启动信号变频器就有输出，可以控制电动机的运行。

将 P0701～P0703 参数均设置为 17，即二进制编码选择+启动命令。此时可通过 SB14、SB15、SB16 分别控制 5#、6#、7#引脚以二进制编码选择输出的频率。使用这种方法最多可以选择 7 个固定频率，各个固定频率的数值选择方式如表 2-10 所示。

表 2-10　二进制编码选择固定频率

	7#引脚(P0703)	6#引脚(P0702)	5#引脚(P0701)
FF1(P1001)	0	0	1
FF2(P1002)	0	1	0
FF3(P1003)	0	1	1
FF4(P1004)	1	0	0
FF5(P1005)	1	0	1
FF6(P1006)	1	1	0
FF7(P1007)	1	1	1
OFF(停止)	0	0	0

2.6　教　学　策　略

本学习情境按照行动导向教学法的教学理念实施教学过程，包括资讯、计划、决策、执行、检查、评估六个步骤，同时贯彻手把手，放开手，育巧手，手脑并用；学中做，做中学，学会做，做学结合的职教理念。

1. 资讯

1) 教师播放录像

教师首先播放一段有关三相异步电动机电气系统安装与调试的录像，使学生对三相异步电动机电气系统的安装与调试有一个感性的认识，以提高学生的学习兴趣。

2)教师布置任务

(1)采用板书或 PPT 展示任务 1 的任务内容和具体要求。

(2)通过引导文问题让学生在规定时间内查阅资料，包括工具书、计算机或手机网络、电话咨询或同学讨论等多种方式，以获得问题的答案，目的是培养学生检索资料的能力。

(3)教师认真评阅学生的答案，重点和难点问题教师要加以解释。

对于项目(一)至项目(三)，教师可播放与任务 1 有关的视频，包含任务 1 的整个执行过程；或教师进行示范操作，以达到手把手，学中做从而教会学生实际操作的目的。

对于项目(一)至项目(三)，由于学生有了任务 1 的操作经验，教师可只播放与任务 2 有关的视频，不再进行示范操作，以达到放开手，做中学的教学目的。

对于项目(一)至项目(三)，由于学生有了任务 1 和任务 2 的操作经验，教师既不播放视频，也不再进行示范操作，让学生独立思考，完成任务 3 和任务 4，以达到育巧手，学会做的教学目的。

2. 计划

1)学生分组

根据班级人数和设备的台套数，由班长或学习委员进行分组。分组可采取多种形式，如随机分组、搭配分组、团队分组等，小组一般以 4～6 人为宜，目的是培养学生的社会能力，与各类人员的交往能力，同时每个小组指定一个小组的负责人。

2)拟定方案

学生可以通过头脑风暴或集体讨论的方式拟定任务的实施计划，包括材料、工具的准备，具体的操作步骤等。

3. 决策

由学生和教师一起研讨，决定任务的实施方案，包括详细的过程实施步骤和检查方法。

4. 执行

学生根据实施方案按部就班地实施任务。

5. 检查

学生在实施任务的过程中要不断检查操作过程和结果，以最终达到满意的操作效果。

6. 评估

学生在完成任务后，要写出整个学习过程的总结，并做成 PPT 汇报。教师要制定各种评价表格，如专业能力评价表格、方法能力评价表格和社会能力评价表格，按照表 2-7～表 2-9 所示的考核建议，对学生进行综合性评价，根据评价结果对学生进行点评，同时布置课下作业，作业一般选取同类知识迁移的类型。

学习情境三　机床电气系统维修与调试

3.1　学习目标

1. 知识目标
(1) 了解卧式车床、平面磨床、铣床的功能。
(2) 了解卧式车床、平面磨床、铣床的机械动作与电气控制的联系。
(3) 掌握电气国家标准的图形符号与文字符号。
(4) 能识读卧式车床、平面磨床、铣床的电气控制原理图。

2. 技能目标
(1) 掌握卧式车床、平面磨床、铣床各电气元件的组成及安装位置。
(2) 能按卧式车床、平面磨床、铣床的电气原理图安装接线。
(3) 掌握卧式车床、平面磨床、铣床控制电路的调试方法。
(4) 能处理类似卧式车床、平面磨床、铣床的电气故障。
(5) 能执行电气安全操作规程。

3.2　材料工具及设备

电工常用工具：验电器、螺钉旋具、尖嘴钳、斜口钳、剥线钳、电工刀等。
仪表：万用表。
材料：BV-1/1.13mm 铜塑线、BV-1/1.37mm 铜塑线。

3.3　学习内容

📖 引导文

1) 填空题
(1) 电气设备的维修包括_____和_____两方面。
(2) 电气设备存在两种故障，即_____和_____。
(3) 电气设备的日常维护保养包括_____和_____的日常维护保养。

2) 选择题
(1) CA6140 型卧式车床调速是(　　)。
　　(A) 电气无级调速　　　　(B) 齿轮箱进行机械有级调速　　　(C) 电气与机械配合调速
(2) CA6140 型卧式车床主轴电动机是(　　)。
　　(A) 三相笼型异步电动机　(B) 三相绕线转子异步电动机　　(C) 直流电动机

3）判断题

（1）如果加强对电气设备的日常维护和保养，就可以杜绝电气故障的发生。（　　）

（2）只要操作人员不违章操作，就不会发生电气故障。（　　）

（3）电动机的接地装置应经常检查，使之保持牢固可靠。（　　）

（4）使用电阻分阶测量法或电阻分段测量法检查故障，必须保证在切断电源的情况下进行。（　　）

（5）CA6140 型卧式车床主轴的正反转是由主轴电动机 M1 的正反转来实现的。（　　）

（6）操作 CA6140 型卧式车床时，按下 SB2，发现接触器 KM1 得电动作，但主轴电动机 M1 不能启动，故障原因可能是热继电器 FR1 动作后未复位。（　　）

（7）CA6140 型卧式车床的主轴电动机 M1 因过载而停转，热继电器 FR1 的常闭触头是否复位，对冷却泵电动机 M2 和刀架快速移动电动机 M3 的运转无任何影响。（　　）

4）简答题

（1）CA6140 型卧式车床在切削过程中，若有一个控制主轴电动机的接触器主触头接触不良，会出现什么现象？如何解决？

（2）M7120 型平面磨床电气控制线路有哪些电气联锁措施？

（3）简述 M7120 型平面磨床电磁吸盘退磁的电气控制过程。

（4）如果 M7120 型平面磨床电磁吸盘控制电路中的整流部分无直流输出，试分析故障范围。

（5）如果 M7120 型平面磨床的工作台液压泵电动机启动时发出嗡嗡声，转动很慢，试分析故障范围。

（6）在如图 3-1 所示控制箱内部元件布置图上画出控制回路走线。

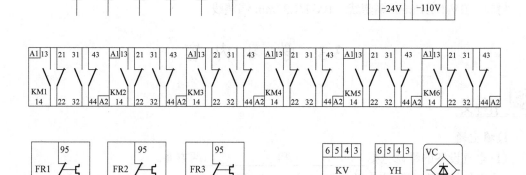

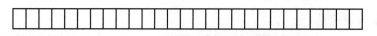

图 3-1　控制箱内部元件布置图

（7）X62W 万能铣床电气控制线路有哪些电气联锁措施？

（8）简述 X62W 万能铣床工作台快速移动的电气控制过程。

(9) 简述 X62W 万能铣床圆工作台的电气控制过程。

(10) 如果 X62W 万能铣床的工作台只能左、右进给，圆工作台工作也正常，但不能前下、后上进给控制，试分析故障范围。

(11) 在如图 3-2 所示的控制箱内部元件布置图上画出控制回路走线。

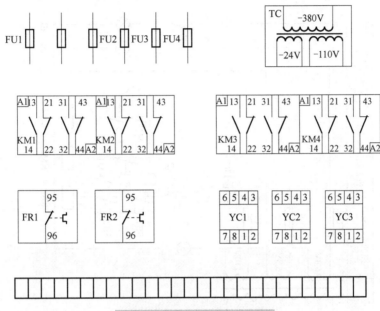

图 3-2　控制箱内部元件布置图

任务 1　CA6140 型卧式车床电气控制线路检修

1. 学习目标

(1) 了解机床电气设备的维修要求及日常维护。

(2) 学会机床检修常用的方法和步骤。

(3) 了解 CA6140 型卧式车床的结构、运动形式及控制要求。

(4) 掌握机床电气控制线路的分析方法，熟悉掌握车床的电气控制图。

(5) 能够按图样要求进行 CA6140 型卧式车床电气控制线路的安装与调试。

(6) 学会 CA6140 型卧式车床电气控制线路的故障分析与检修技能。

(7) 培养学生安全操作、规范操作、文明生产的行为习惯。

2. 任务描述

正确识读 CA6140 型卧式车床电气控制原理图，根据电气原理图及电动机型号选用电气元件及部分电工器材，完成 CA6140 型卧式车床电气控制电路的安装、自检及通电试车。在 CA6140 型车床电气控制柜中按实际情况设置故障点，分析并排除电气故障，编写检修报告。

3. 任务实施

训练内容：在 CA6140 型模拟卧式车床操作板上练习车床的操作过程，并进行电气故障检修。

1) 车床电路电气元件的识别与功能分析

(1) 识读车床电气控制线路故障图，如图 3-3 所示。

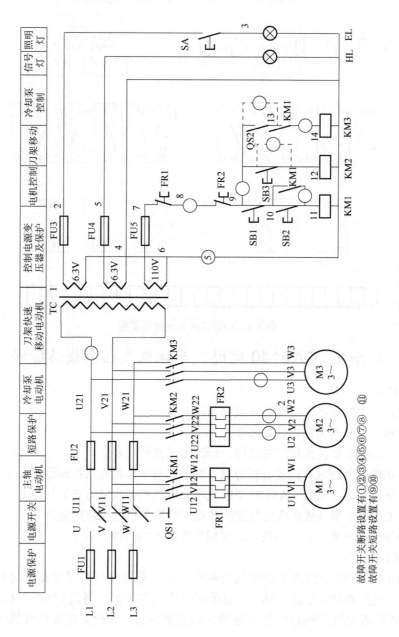

图 3-3　CA6140 型卧式车床电气控制线路故障图

故障开关断路设置有①②③④⑤⑥⑦⑧　⑪
故障开关短路设置有⑨⑩

车床电气控制线路故障说明。

本车床电气控制线路共设故障 11 处，其中断路故障 9 个，分别是①②③④⑤⑥⑦⑧⑪；短路故障 2 个，分别是⑨和⑩。各故障点均由故障开关控制，"0"位为断开，"1"位为合上。

① 故障①和②的开关分别串接在冷却泵电动机 M2 的两根相线上，断开任一开关，冷却泵均会出现缺相现象。

② 故障③的开关设在刀架移动电机的一根相线上，断开此开关，刀架快速移动，电机启动时出现缺相现象。

③ 故障④的开关串接在控制变压器 TC 输入端，断开此开关，控制变压器 TC 无输入电压，控制回路无法工作。

④ 故障⑤的开关串接在控制变压器输出公共端处，断开此开关，所有控制回路无法工作。

⑤ 故障⑥的开关串接在 FR1 与 FR2 常闭触头之间，断开此开关，所有电机无法启动。

⑥ 故障⑦的开关串接在刀架移动、冷却泵控制电路与主电机控制电路的并联处，断开此开关，刀架移动电机、冷却泵电机无法启动。

⑦ 故障⑧的开关串接在接触器 KM1 自锁触点处，断开此开关，主轴电机无法连续工作。

⑧ 故障⑨的开关与刀架移动点动按钮 SB3 并联，合上此开关，刀架移动电机自动连续运转。

⑨ 故障⑩的开关与 SA1 并联，合上此开关，主电机运转时，冷却泵同时自动启动。

⑩ 故障⑪的开关串接在 KM2 接触器线圈上，断开此开关，冷却泵无法启动。

(2) 电气元件的识别与功能分析。参照电气原理图和元件位置图，熟悉车床电气元件的分布位置和走线情况，熟悉车床电气元件及其功能。

2) 车床基本功能操作

把三相交流电源接入电路板接线端 L1、L2、L3 处；主轴电动机 M1 的 3 根相线分别接入电路板接线端 U1、V1、W1 处；冷却泵电动机 M2 的 3 根相线分别进入电路板接线端 U2、V2、W2 处；刀架快速移动电动机 M3 的 3 根相线分别接入电路板接线端 U3、V3、W3 处，各电机必须可靠接地。

根据车床的加工功能进行车床的基本操作。通过车床功能的基本操作，了解正常状态下车床各电气元件的动作过程和动作顺序，发现故障(非正常)状态下的异常现象或电气元件的非正常状态。正常操作如下。

(1) 根据电气控制线路图，把断路故障开关置"1"位，把短路故障开关置"0"位。

(2) 合上电源开关 QF，电路板有正常三相交流电。

(3) 主轴电动机控制：按下启动按钮 SB2，接触器 KM1 线圈得电，其主触头闭合，主轴电动机 M1 启动运行。同时，KM1 自锁触头(图 3-3 中的 5-6)和另一对常开触头(图 3-3 中的 8-9)闭合。按下 SB1，主轴电动机 M1 停车。

(4) 冷却泵电动机控制：先启动主轴电动机 M1，然后合上开关 SA1，冷却泵电动机 M2 启动运行，按 SB1 停止 M1 的同时，冷却泵电动机 M2 停止运行。

(5) 刀架快速电动机控制：按下按钮 SB3，刀架快速电动机 M3 启动，松开按钮 SB3，M3 立即停止。

(6) 合上开关 SA2，照明灯 EL 亮；断开开关 SA2，照明灯 EL 灭。

3) 故障分析与排除

在模拟车床上人为设置故障点(每次 1~2 个故障点)。故障设置时应注意以下几点。

(1)人为设置的故障必须是在模拟车床使用中，由于受外界因素影响而造成的自然故障。

(2)切忌设置更改线路或更换电气元件等由于人为原因而造成的非自然故障。

(3)对于设置一个以上故障点的线路，故障现象尽可能不相互掩盖。如果故障相互掩盖，按要求应有明显的检查顺序。

(4)设置的故障必须与学生应该具有的修复能力相适应。随着学生检修水平的逐步提高，再逐渐提高故障的难易等级。

(5)应尽量设置不容易造成人身或设备事故的故障点，若有必要，教师必须在现场密切注意学生的检修动态，随时做好采取应急措施的准备。

按下述步骤进行检修，直至故障排除。

① 用通电试验法观察故障现象。

② 根据故障现象，依据电路图用逻辑分析法确定故障范围。

③ 采取正确的检查方法查找故障点，并排除故障。

④ 检查完毕进行通电试验，并做好维修记录。

4)撰写检修报告

在训练过程中，完成车床电气控制线路检修报告，检修报告见表3-1。

表3-1　车床控制线路检修报告

机床名称/型号	
故障现象	
故障分析	(针对故障现象，根据电气控制线路图分析出若干个故障范围或故障点)
故障检修计划	(针对故障现象，简单描述故障检修方法及步骤)
故障排除	(写出具体的故障排除步骤、实际故障点编号，并写出故障排除后的试车效果)

5)故障检修评分标准(表3-2)

表3-2　故障检修评分标准

序号	项目内容	考核要求	评分细则	配分	扣分	得分
1	调查研究	对机床故障现象进行调查研究	(1)排除故障前不进行调查研究，扣5分 (2)调查研究不充分，扣2分	10		
2	故障分析	在电气控制线路图上分析故障可能的原因，思路正确	(1)标错故障范围，每个故障点扣5分 (2)不能标出最小故障范围，每个故障点扣3分 (3)实际排除故障中的思路不清楚，每个故障点扣2分	15		
3	故障检修计划	编写简明故障检修计划，思路正确	(1)遗漏重要检修步骤，扣3分 (2)检修步骤顺序颠倒，逻辑不清，扣2分	10		
4	故障查找与排除	正确使用工具和仪表，找出故障点并排除故障	(1)造成短路或熔断器熔断，每次扣5分 (2)损坏万用表扣5分 (3)排除故障的方法选择不当，每次扣5分 (4)排除故障时，产生新的故障后不能自行修复，每个扣10分 (5)每少查出一个故障点扣20分 (6)每找错一个故障点扣5分	40		
5	技术文件	维修报告表述清晰，语言简明扼要	检修报告记录机床名称/型号、故障现象、故障分析、故障检修计划、故障排除五部分，每部分3分，记录错误或记录不完整的按比例扣分	15		

续表

序号	项目内容	考核要求	评分细则	配分	扣分	得分
6	"6S"规范	整理、整顿、清扫、安全、清洁、保养	(1)没有穿戴防护用品，扣4分 (2)检修前，未清点工具、仪器、耗材扣2分 (3)未经验电器测试前，用手触摸电器线端，扣5分 (4)乱摆放工具，乱丢杂物，完成任务后不清理工位，扣2~5分 (5)违规操作，扣5~10分	10		
时间		45min，每超工时5min扣5分，最多可延时20min				
备注		各项扣分最高不超过该项配分				
	评分人：		核分人：		总分	

4. 研讨与练习

【研讨1】　故障检修：在图3-3中，按下启动按钮SB2，KM1吸合但主轴不转。

接触器吸合而电动机不运转的故障属于主回路故障。主回路故障应立即切断电源，按图3-4所示故障检修流程逐一排查，不可通电测量，以免电动机因缺相而烧毁。

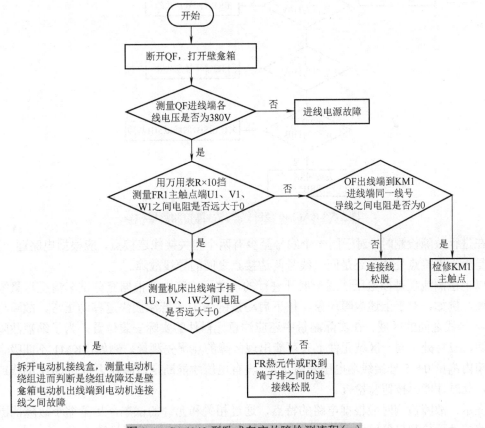

图3-4　CA6140型卧式车床故障检测流程(一)

提示：主回路故障时，为避免因缺相在检修试车过程中造成电动机损坏的事故，继电器主触点以下部分最好采用电阻检测方法。

【研讨2】　故障检修：在图3-3中，按下启动按钮SB2，主轴电动机M1不能启动，KM1

不能吸合。

故障检修流程如图 3-5 所示。

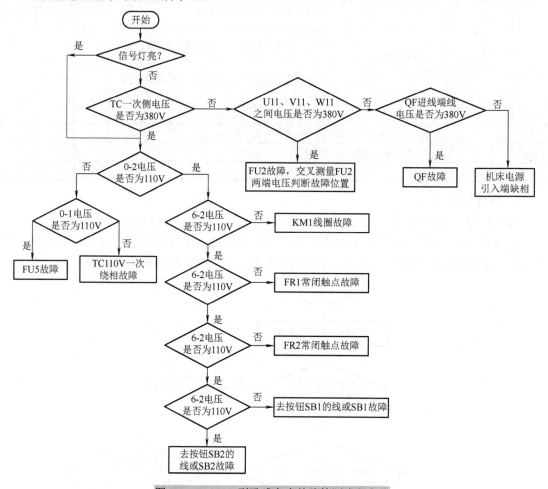

图 3-5 CA6140 型卧式车床故障检测流程(二)

在进行故障检测时，对于同一个线号至少有两个相关接线连接点，应根据电路逐一测量，判断是属于连接点处故障还是同一线号两边接点之间的导线故障。

以上检测流程是按电压法逐一展开进行的，实际检测中应根据充分试车情况尽量缩小故障区域。例如，对于上述故障现象，按下启动按钮 SB3，若溜板快速移动正常，故障将限于 0-6-5-4 号线之间的区域。在实际测量中还应注意元器件的实际安装位置，为了缩短故障的检测时间，应将处于同一区域元件上有可能出现故障的点优先测量。例如，KM1 不能吸合，在壁龛箱内测量 0~5 号接线端电压是否正常，没有电压才能断定故障在去按钮 SB1 的线或 SB1 本身，此时才能拆按钮盒检查。

提示：故障检测时应根据电路的特点，通过相关和允许的试车，尽量缩小故障范围。控制电路的故障检测尽量采用电压法，当故障检测到后应断开电源再排除。

【研讨 3】 CA6140 型卧式车床在运行中自动停车的故障检修。

首先根据故障现象在电气原理图上标出可能的最小故障范围，然后按下面的步骤进行检查，直至找出故障点。

(1)检查 FR1 热继电器是否动作，观察红色复位按钮是否弹出。

(2)过几分钟待热继电器的温度降低后，按红色按钮使热继电器复位。

(3)启动机床。

(4)根据 FR1 的动作情况将钳形电流表卡在 M1 电动机的三相电源的输入线上，测量其定子平衡电流。

(5)根据电流大小采取相应的解决措施。

技术要求及注意事项如下。

(1)若电动机的电流等于或大于额定电流的 120%，则电动机为过载运行，此时应减小负载。

(2)若减小负载后电流仍很大，超过额定电流，应检修电动机或检查机械传动部分。

(3)若电动机的电流接近额定电流值，FR1 动作，这时因为电动机运行时间过长，环境温度过高、机床振动，造成热继电器的误动作。

(4)若电动机的电流小于额定电流，可能是热继电器的整定值偏移或过小，此时应重新校验、调整热继电器。

(5)钳形电流表的挡位应选用大于额定电流值 2～3 倍的挡位。

5. 巩固与提高

(1)绘制 CA6140 型普通车床电气控制线路的元器件位置图与接线图。

(2)在图 3-3 中，按下停止按钮，主轴电动机不停止。试分析故障原因，写出检修过程。

(3)在图 3-3 所示电路上人为设置故障，根据表 3-3 所示故障现象，试分析可能的故障点，说明检查方法。

表 3-3 故障的检修及排除

故障现象	可能故障点	检查方法
刀架快移电动机自动启动		
冷却泵无法启动		
控制线路无法正常工作		
所有电动机不能启动		
主轴电动机不能连续工作		

【知识链接】 机床电气设备维修基础知识

1)机床电气设备的维修要求及日常维护

机床主要由机械和电气两大部分构成。其中，电气部分是指挥每台设备工作机构的控制系统。因此做好电气设备的维修和保养工作，是保证机床工作可靠和提高使用寿命的正确途径。

(一)电气设备的维修要求

电气设备发生故障后，维修人员应能及时、熟练、准确、迅速、安全地查出故障，并加以排除，尽早恢复设备的正常运行。对电气设备维修的一般要求如下。

(1)采取的维修步骤和方法必须正确，切实可行。

(2)不得损坏完好的元器件。

(3)不得随意更换元器件及连接导线的型号规格。

(4) 不得擅自改动线路。

(5) 损坏的电气装置应尽量修复使用，但不得降低其固有性能。

(6) 电气设备的各种保护性能必须满足使用要求。

(7) 电气绝缘合格，通电试车能满足电路的各种功能，控制环节的动作程序符合要求。

(8) 修理后的电气装置必须满足其质量标准要求。电气装置的检修质量标准如下。

① 外观整洁，无破损和炭化现象。

② 所有的触头完整、光洁，接触良好。

③ 压力弹簧和反作用力弹簧具有足够的弹力。

④ 操纵、复位机构灵活可靠。

⑤ 各种衔铁运动灵活，无卡阻现象。

⑥ 灭弧罩完整、清洁，安装牢固。

⑦ 整定数值大小符合电路使用要求。

⑧ 指示装置能正常发出信号。

(二) 电气设备的日常维护

电气设备的维护包括日常维护保养和故障检修两方面。加强对电气设备的日常检查、维护和保养，及时发现一些非正常因素，并给予及时的修复或更换处理，可以将很多故障消灭在萌芽状态，降低故障造成的损失，延长连续运转周期。电气设备的日常维护保养包括电动机和控制设备的日常维护保养。

(1) 电动机的日常维护保养。

电动机故障往往是由日常维护不当和不注意正确使用引起的。所以，加强日常维护和正确使用是减少故障出现及保证安全运行的一个重要环节。

电动机在日常维护和使用中必须注意以下几点。

① 电动机各部件应装设齐全，无损坏，所有紧固件不得松脱；电动机基础螺栓固定牢靠；通风良好。

② 要防止水、油、灰尘和金属屑等进入电动机内；检修时不要把杂物遗留在电动机内。

③ 根据铭牌，电动机接线应正确牢固。

④ 电动机在运转中，不应有摩擦声、尖叫声或其他杂声。

⑤ 电动机温升不得超过铭牌规定值，否则会加速绝缘老化，缩短使用期限，甚至会烧毁电动机，因此必须加强温度监视。最简单的方法是用手摸机壳，当手指能长时间接触时，一般说明温度没有超过允许值。当感觉非常烫手而不能坚持时，电动机就可能超过允许温升，这时应该用钳形电流表测量各相电流，并检查有无其他异状方能确定温度是否超过允许值，比较准确的测量可用温度计及电阻法。

⑥ 要保持电动机周围环境整洁，电动机的灰尘和油污应经常打扫和擦拭干净，但不得用汽油、煤油、机油或水等液体擦洗电动机绕组，可用干净的压缩空气(0.3MPa 左右)吹净。

⑦ 电动机绕组的绝缘电阻不得低于规定值。用 500V 的摇表测量各相绕组对机壳和各相间的绝缘电阻时，定子绕组的绝缘电阻不应小于 $0.5M\Omega$。与运行中的定子、转子线圈绝缘电阻和上次相同温度时测得的数值进行比较，若降低 50% 以上，认为绝缘不合格，应处理后使用或严格控制使用。如果测得的绝缘电阻太低，若是由电动机绕组受潮引起的，则必须进行烘干处理(必要时，绕组应重新浸绝缘漆干燥处理)；因相间短路或接壳时，绝缘电阻也为零，应找出故障所在，予以排除。

⑧ 输入电源电压不得超出额定值的-5%～+10%，三相电压间的差值应小于5%。

i. 电动机的电磁转矩与定子电路外加电压的平方成正比，电压过低时电动机的转矩会急剧减小。如果电动机轴上的负载不变，电动机就要超负荷运转。这时为了使电动机产生的电磁转矩与负载转矩相平衡，电动机的电流就要增大，致使电动机的温度升高，甚至烧坏电动机。

ii. 可以近似认为电动机旋转磁场的磁通与外加电压成正比，电压过高时电动机旋转磁通就会增大。由图 3-6 可以看出，电动机在额定电压下运行时，磁通已处于磁化曲线的近饱和处(设计制造时为了获得较好的经济技术指标)。这时，磁通若由Φ_1增加到Φ_2，电动机的磁路就会很饱和，激磁电流I将急剧地由I_{01}增加到I_{02}，使电动机发热量剧增，不仅会使绝缘损坏，严重时也会烧毁电动机。

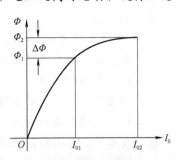

图3-6 磁通电流特性曲线

iii. 三相电源不对称时，同样会发生由于某一相电压过高或过低，导致相电流增大，使发热情况恶化，从而损坏绕组的情况。这时若生产急需，可适当减轻其负荷运行，但应注意仔细检查，严格控制电动机的电流或温升不超过规定值，若发现电动机仍过热，就应停止工作。如果电压很大(高达15%)仍使用，就会造成电动机烧毁。

⑨ 电动机的保护装置应正确选择和整定好动作值。按时校验热继电器和过流继电器。按规定装接熔丝，并注意不得过紧和过松，否则易熔断，引起单相运行而烧坏电动机。

⑩ 绕线式电动机电刷压力应适当，与滑环接触良好，电刷磨损情况正常。

⑪ 轴承不得发热、漏油，滑动轴承的最高允许温度为80℃，滚动轴承的最高允许温度为95℃，无异声，可用旋具放在轴承位置处，用耳朵紧贴木柄听，必要时打开轴承盖检查。应定期(约1年)进行清洗或更换润滑油。

(2)控制设备的日常维护保养。

控制设备日常维护保养的主要内容有：操纵台上的所有操纵按钮、主令开关的手柄、信号灯及仪表护罩都应保持清洁完好；各类指示信号装置和照明装置应完好；电气柜的门、盖应关闭严密，柜内保持清洁，无积灰和异物；接触器、继电器等电器吸合良好，无噪声、卡住或迟滞现象；试验位置开关能起限位保护作用，各电器的操作机构应灵活可靠；各线路接线端子连接牢靠，无松脱现象；各部件之间的连接导线、电缆或保护导线的软管，不得被切削液、油污等腐蚀；电气柜及导线通道的散热情况应良好；接地装置可靠。

2)机床电气控制线路分析基础

(一)电气控制线路分析的内容

电气控制线路是电气控制系统各种技术资料的核心文件。分析的具体内容和要求主要包括以下几个方面。

(1)设备说明书。设备说明书由机械(包括液压部分)与电气两部分组成。在分析时首先要说明这两部分说明书，了解以下内容。

① 设备的构造，主要技术指标，机械、液压和气动部分的工作原理。

② 电气传动方式，电动机和执行电器的数目、型号规格、安装位置、用途及控制要求。

③ 设备的使用方法，各操作手柄、开关、旋钮和指示装置的布置及作用。

④ 同机械和液压部分直接关联的电器(行程开关、电磁阀、电磁离合器和压力继电器等)的位置、工作状态以及作用。

(2) 电气控制原理图。这是控制线路分析的中心内容。原理图主要由主电路、控制电路和辅助电路等部分组成。在分析电气原理图时，必须与阅读其他技术资料结合起来。例如，各种电动机和电磁阀等的控制方式、位置及作用，各种与机械有关的位置开关和主令电器的状态等，只有通过阅读说明书才能了解。

(3) 电气设备总装接线图。阅读分析总装接线图，可以了解系统的组成分布状况、各部分的连接方式、主要电气部件的布置和安装要求、导线和穿线管的型号规格。这是安装设备不可缺少的资料。

(4) 电气元件布置图与接线图。这是制造、安装、调试和维护电气设备必须具备的技术资料。在调试和检修中可通过布置图和接线图方便地找到各种电气元件和测试点，进行必要的调试、检测和维修保养。

(二) 电气原理图阅读分析的方法与步骤

在仔细阅读设备说明书，了解电气控制系统的总体结构、电动机和电气元件的分布状况及控制要求等内容之后，便可以阅读分析电气原理图了。

(1) 分析主电路。从主电路入手，根据每台电动机和电磁阀等执行电器的控制要求去分析它们的控制内容。控制内容包括启动、方向控制、调速和制动等。

(2) 分析控制电路。根据主电路中各电动机和电磁阀等执行电器的控制要求，逐一找出控制电路中的控制环节，利用前面学过的基本知识，按功能不同划分成若干个局部控制线路来进行分析。分析控制电路的最基本方法是查线读图法。

(3) 分析辅助电路。辅助电路包括电源显示、工作状态显示、照明和故障报警等部分，它们大多由控制电路中的元件来控制，所以在分析时，还要回过头来对照控制电路进行分析。

(4) 分析联锁与保护环节。机床对安全性和可靠性有很高的要求。要实现这些要求，除了合理地选择拖动和控制方案以外，在控制线路中还设置了一系列电气保护和必要的电气联锁。

(5) 总体检查。经过"化整为零"，逐步分析每一个局部电路的工作原理以及各部分之间的控制关系后，还必须用"集零为整"的方法，检查整个控制线路，看是否有遗漏。特别要从整体角度去进一步检查和理解各控制环节之间的联系，理解电路中每个元件所起的作用。

3) 机床电气故障的检修步骤与方法

机床电气控制系统的故障错综复杂，并非千篇一律，即便是同一故障现象，发生的部位也会不同，而且它的故障又经常和机械、液压系统交织在一起，难以区分。因此，作为一名维修人员，应善于学习，积极实践，认真总结经验，掌握正确的诊断方法和步骤，做到迅速而准确地排除故障。机床电气线路发生故障后的一般检查方法和步骤如下所述。

(1) 学习机床电气系统维修图。机床电气系统维修图包括机床电气原理图、电气箱 (柜) 内电气布置图、机床电气布线图及机床电气位置图。通过学习机床电气系统维修图，做到掌握机床电气系统原理的构成和特点，熟悉电路的动作要求和顺序、各个控制环节的电气过程，了解各种电气元件的技术性能。对于一些较复杂的机床，还应了解液压系统的一些基本知识，掌握机床的液压原理。

实践证明，学习并掌握一些机床机械和液压系统知识，不但有助于分析机床故障原因，而且有助于迅速、灵活、准确地判断、分析和排除故障。在检查机床电气故障时首先应对照机床电气系统维修图进行分析，再设想或拟订出检查步骤、方法和线路，做到有的放矢、有步骤地逐步深入进行。除此以外，维修人员还应掌握一些机床电气安全知识。

(2)详细了解电气故障产生的经过。机床发生故障后，维修人员首先必须向机床操作者详细了解故障发生前机床的工作情况和故障现象(如响声、冒烟、火花等)，询问故障前有哪些征兆，这对故障的处理极为有益。

(3)分析故障情况，确定故障的可能范围。知道了故障产生的经过后，对照原理图进行故障情况分析，虽然机床线路看起来似乎很复杂，但可把它拆成若干控制环节来分析。缩小了故障范围，就能迅速地找出故障的确切部位。另外，还应查询机床的维修保养、线路更改等记录，这对分析故障和确定故障部位有帮助。

(4)进行故障部位的外观检查。故障的可能范围确定后，应对有关电气元件进行外观检查，检查方法如下。

① 闻。当某些严重的过电流、过电压情况发生时，保护器件失灵，造成电动机、电气元件长时间过载运行，使电动机绕组或电磁线圈发热严重，绝缘损坏，发出臭味、焦味。所以闻到焦味就能随之查到故障的部位。

② 看。有些故障发生后，故障元件有明显的外观变化，如各种信号的故障显示，带指示装置的熔断器、空气断路器或热继电器脱扣，接线或焊点松动脱落，触点烧毛或熔焊，线圈烧毁等。看到故障元件的外观情况，就能着手排除故障。

③ 听。电气元件正常运行和故障运行时发出的声音有明显的差异，听听它们工作时发出的声音有无异常，就能查找到故障元件，如电动机、变压器、接触器等元件。

④ 摸。电动机、变压器、电磁线圈、熔体熔断的熔断器等发生故障时，温度会明显升高，用手摸一摸发热情况，也可查找到故障所在，但应注意必须在切断电源后进行。

(5)试验机床的动作顺序和完成情况。当在外观检查中没有发现故障点，或对故障还需了解时，可采用试验方法对电气控制的动作顺序和完成情况进行检查。应先对可能是故障部位的控制环节进行试验，以缩短维修时间。此时可只操作某一按钮或开关，观察线路中各继电器、接触器、行程开关的动作是否符合规定要求，是否能完成整个循环过程。若动作顺序不对或中断，则说明此电器与故障有关，再进一步检查，即可发现故障所在。但是在采用试验方法检查时，必须特别注意设备和人身安全，尽可能断开主回路电源，只在控制回路部分进行，不能随意触动带电部分，以免故障扩大和造成设备损坏。另外，要预先估计到部分电路工作后可能发生的不良影响或后果。

(6)用仪表测量查找故障元件。用仪表测量电气元件是否为通路，线路是否有开路情况，电压、电流是否正常、平衡，也是检查故障的有效措施之一。常用的电工仪表有万用表、绝缘电阻表、钳形电流表、电桥等。

① 测量电压。对电动机、各种电磁线圈、有关控制电路的并联分支电路两端电压进行测量，如果发现电压与规定的要求不符，则是故障的可能部位。

② 测量电阻或通路。先将电源切断，用万用表的电阻挡测量线路是否为通路，查明触点的接触情况、元件的电阻值等。

③ 测量电流。测量电动机三相电流、有关电路中的工作电流。

④ 测量绝缘电阻。测量电动机绕组、电气元件、线路的对地绝缘电阻及相间绝缘电阻。

(7)总结经验、摸清故障规律。每次排除故障后，应将机床故障修复过程记录下来，总结经验，摸清并掌握机床电气线路故障规律。记录的主要内容包括：设备名称、型号、编号、设备使用部门及操作者姓名、故障发生日期、故障现象、故障原因、故障元件以及修复情况等。

4）车床的主要结构及运动形式

车床是一种应用极为广泛的金属切削机床，CA6140型卧式车床是我国自行设计制造的卧式普通车床，主要用来车削外圆、内圆、端面、螺纹和定型表面，并可通过尾架进行钻孔、铰孔和攻螺纹等加工。

（一）主要结构

CA6140型普通车床的主要结构如图3-7所示。它主要由床身、主轴变速箱、挂轮架、进给箱、溜板箱、溜板、刀架、尾架、光杠和丝杠等组成。

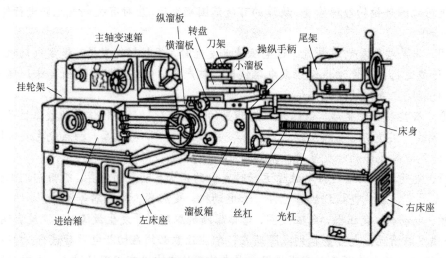

图 3-7　CA6140 型普通车床的主要结构

（二）运动形式

车床有三种运动形式：主运动、进给运动以及辅助运动。

（1）主运动。车床的主运动为工件的旋转运动，由主轴通过卡盘或尾架上的顶尖带动工件旋转。电动机的动力通过主轴箱传给主轴，主轴一般只需要单方向的旋转运动，只有在车螺纹时才需要用反转来退刀。CA6140型普通车床用操纵手柄通过摩擦离合器来改变主轴的旋转方向。车削加工要求主轴能在很大的范围内调速，普通车床调速范围一般大于70。主轴的变速是靠主轴变速箱的齿轮等机械有级调速来实现的，变换主轴箱外的手柄位置，可以改变主轴的转速。

（2）进给运动。车床的进给运动是指刀架的纵向或横向直线运动。所谓纵向运动是指相对于操作者的左右运动，横向运动是指相对于操作者的前后运动。车螺纹时要求主轴的旋转速度和进给的移动距离之间保持一定的比例，所以主运动和进给运动要由同一台电动机拖动，主轴箱和车床的溜板箱之间通过齿轮传动来连接，刀架再由溜板箱带动，沿着床身导轨做直线走刀运动。

（3）辅助运动。车床的辅助运动包括刀架的快速移动，尾架的移动以及工件的夹紧与放松等。为了提高工作效率，车床刀架的快速移动由一台单独的电动机拖动。

5）电力拖动特点及控制要求

（1）主轴电动机一般采用笼型三相异步电动机。为了确保主轴旋转与进给运动之间的严格比例关系，由一台电动机来拖动主运动与进给运动。为了满足调速要求，通常采用机械变速。

（2）为车削螺纹，要求主轴能够正、反转。对于小型车床，主轴正反转由主轴电动机正反转来实现；当主轴电动机容量较大时，主轴正反转由摩擦离合器来实现，电动机只做单向旋转。

（3）主拖动电动机一般直接启动，自然停车，通过按钮操作。

（4）车削加工时，为了防止刀具与工件温度过高而变形，有时需要冷却，因此应该配有冷却泵电动机。冷却泵电动机只做单向旋转，且与主轴电动机有联锁关系，即主轴电动机启动后方可选择冷却泵电动机启动与否，主轴电动机停止时，冷却泵电动机立即停车。

（5）为实现溜板箱的快速移动，应由单独的快速移动电动机来拖动，且采用点动控制方式。

（6）电路具有过载、短路、欠压和失压保护，并有安全的局部照明和指示电路。

6）车床电气线路分析

（1）主电路分析。

图 3-8 是 CA6140 型普通车床的电气原理图。

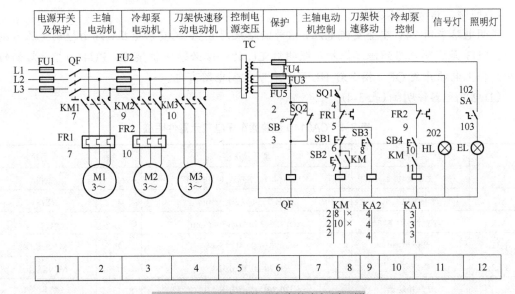

图 3-8　CA6140 型普通车床的电气原理图

在主电路中，M1 为主轴电动机，拖动主轴的旋转并通过传动机构实现车刀的进给。主轴由主轴变速箱实现机械变速，主轴正、反转由机械换向机构实现。因此，主轴与进给电动机 M1 是由接触器 KM1 控制的单向旋转直接启动的笼型三相异步电动机，由低压断路器 QS 实现断路和过载保护。M1 安装于机床床身左侧。

M2 为冷却泵电动机，由接触器 KM2 控制实现单向旋转直接启动，用于拖动冷却泵，在车削加工时供出冷却液，对工件与刀具进行冷却，M2 安装于机床右侧。

M3 为刀架快速移动电动机，由接触器 KM3 控制实现单向旋转点动运行，M3 安装于溜板箱内。M2、M3 的容量都很小，加装熔断器 FU2 作为短路保护。

热继电器 FR1 和 FR2 分别作为 M1 和 M2 的过载保护，刀架快速移动电动机 M3 是短时工作的，所以不需要过载保护。

（2）控制电路分析。

合上 QF，将电源引入控制变压器 TC 原边，TC 副边输出交流 110V 控制电源，并由熔断器 FU5 作为短路保护。

① 主轴电动机 M1 的控制。SB2 是带自锁的红色蘑菇形的停止按钮，SB1 是绿色的启动按钮。按一下启动按钮 SB1，KM1 线圈通电吸合并自锁，KM1 的主触点闭合，主轴电动机 M1 启动运转。按一下 SB2，接触器 KM1 断电释放，其主触点和自锁触点都断开，主轴电动机 M1 断电停止运行。

② 冷却泵电动机 M2 的控制。当主轴电动机启动后，KM1 的常开触点(8-9)闭合，这时若旋转转换开关 SA1 使其闭合，则 KM2 线圈通电，其主触点闭合，冷却泵电动机 M2 启动，提供冷却液。当主轴电动机 M1 停车时，KM1 的触点(8-9)断开，冷却泵电动机 M2 随即停止。M1 和 M2 之间存在顺序联锁关系。

③ 刀架快速移动电动机 M3 的控制。刀架快速移动电动机 M3 是由接触器 KM3 进行点动控制的。按下按钮 SB3，接触器 KM3 线圈通电，其主触点闭合，电动机 M3 启动，拖动刀架快速移动；松开 SB3，M3 停止。快速移动的方向通过装在溜板箱上的十字手柄扳到所需要的方向来控制。

(3)照明、信号电路分析。

照明电路采用 24V 安全交流电压，信号回路采用 6.3V 的交流电压，均由控制变压器副边提供。FU3 是照明电路的短路保护，照明灯 EL 的一端必须保护接地。FU4 为指示灯的短路保护，合上电源开关 QF，指示灯 HL 亮，表明控制电路有电。

(4)电气元器件明细(表 3-4)。

表 3-4　CA6140 型普通车床电气元器件明细

代号	名称	型号及规格	数量	用途
M1	主轴电动机	Y132M-4-B3,7.5kW,1450r/min	1	主传动
M2	冷却泵电动机	AOB-25,90W,3000r/min	1	输送冷却液
M3	刀架快速移动电动机	AOB-5643,250W,1360r/min	1	溜板快速移动
FR1	热继电器	JR2016-20/3D,15.4A	1	M1 过载保护
FR2	热继电器	JR20-20/3D,0.32A	1	M2 过载保护
KM1	交流接触器	CJ20-20，线圈电压 110V	1	控制 M1
KM2	交流接触器	CJ20-10，线圈电压 110V	1	控制 M2
KM3	交流接触器	CJ20-10，线圈电压 110V	1	控制 M3
SB1	按钮	LAY3-01ZS/1	1	停止 M1
SB2	按钮	LAY3-10/3.11	1	启动 M1
SB3	按钮	LA9	1	启动 M3
SA1	转换开关	HZ10-10	1	控制 M2
SA2	转换开关	HZ10-10	1	控制照明灯
HL	信号灯	ZSD-0,6V	1	电源指示
QF	断路器	AM2-40,20A	1	电源开关
TC	控制变压器	JBK2-100,380V/110V，24V，6V	1	控制、照明
EL	机床照明灯	JC11	1	工作照明
FU1	熔断器	HL1-60，熔体 35A	3	总电路短路保护

续表

代号	名称	型号及规格	数量	用途
FU2	熔断器	HL1-15，熔体 5A	3	M2、M3 主电路
FU3	熔断器	HL1-15，熔体 2A	1	110V 控制电源
FU4	熔断器	HL1-15，熔体 2A	1	信号灯电路
FU5	熔断器	HL1-15，熔体 2A	1	照明灯电路

7) 车床常见电气故障的分析与排除(表 3-5)

表 3-5　车床常见电气故障的分析与排除

序号	故障现象	故障原因	修复故障措施
1	主轴电动机不能启动	主要原因可能如下： (1)FU1 或控制电路中 FU5 的熔丝熔断 (2)断路器 QF 接触不良或连线断路 (3)热继电器已动作过，其常闭触点尚未复位 (4)启动按钮 SB2 或停止按钮 SB1 内的触点接触不良 (5)接触器 KM1 的线圈烧毁或触点接触不良 (6)电动机损坏	(1)更换相同规格和型号的熔丝 (2)修复断路器或连接导线 (3)将热继电器复位 (4)修复或更换同规格的按钮 (5)修复或更换同规格的接触器 (6)修复或更换电动机
2	按下启动按钮，主轴电动机发出嗡嗡声，不能启动	这是电动机缺相运行造成的，可能的原因如下： (1)熔断器 FU1 有一相熔丝烧断 (2)接触器 KM1 有一对主触点没有接触好 (3)电动机接线有一处断线	(1)更换相同规格和型号的熔丝 (2)修复接触器的主触点 (3)重新接好线
3	主轴电动机启动后不能自锁	接触器 KM1 自锁用的辅助常开触头接触不好或接线松开	修复或更换 KM1 的自锁触点，拧紧松脱的线头
4	按下停止按钮，主轴电动机不会停止	(1)停止按钮 SB1 常闭触点被卡住或线路中 4、5 两点连接导线短路 (2)接触器 KM1 铁心表面粘牢污垢 (3)接触器主触点熔焊、主触点被杂物卡住	(1)更换按钮 SB1 和导线 (2)清理交流接触器铁心表面污垢 (3)更换 KM1 主触点
5	主轴电动机在运行中突然停转	一般是热继电器 FR1 动作，引起热继电器 FR1 动作的可能原因如下： (1)三相电源电压不平衡或电源电压较长时间过低 (2)负载过重 (3)电动机 M1 的连接导线接触不良	(1)用万用表检查三相电源电压是否平衡 (2)减轻所带的负载 (3)拧紧松开的导线 发生这种故障后，一定要找出热继电器 FR1 动作的原因，排除后才能使其复位
6	照明灯不亮	(1)照明灯泡已坏 (2)照明开关 SA2 损坏 (3)熔断器 FU3 的熔丝烧断 (4)变压器原边或副边已烧毁	(1)更换同规格和型号的灯泡 (2)更换同规格的开关 (3)更换相同规格和型号的熔丝 (4)修复或更换变压器

任务 2　M7120 型平面磨床的故障维修与调试

磨床是以砂轮周边或端面对工件进行机械加工的精密机床，它不仅能加工一般金属材料，而且能加工淬火钢或硬质合金等高硬度材料。图 3-9 为 M7120 型平面磨床外形图。

1. 机床运动方式及电气控制要求

磨床的主运动是砂轮的旋转运动，辅助运动是工作台的左右往返运动和砂轮架的前后上下进给运动。工作台的往返运动采用液压传动，能保证加工精度。砂轮升降电动机使砂轮在

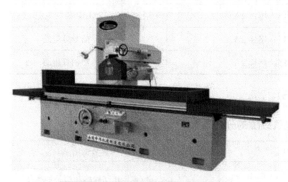

立柱导轨上做垂直运动，用以调整砂轮与工件位置。其电气控制要求如下。

(1)砂轮的旋转用一台三相异步电动机拖动，要求单向连续运行。

(2)砂轮电动机、液压泵电动机和冷却泵电动机都只要求单向旋转。

(3)砂轮升降电动机要求能正反转控制。

(4)冷却泵电动机只有在砂轮电动机启动后才能够启动。

图 3-9 M7120 型平面磨床外形图

(5)电磁吸盘应有充磁和去磁控制环节。

【知识链接】 电磁吸盘

电磁吸盘是一种固定加工工件的夹具。与机械夹紧装置相比，其优点是操作快捷，不损伤工件并能同时吸牢多个小工件，在加工过程中发热工件可以自由伸缩；缺点是必须使用直流电源和不能吸牢非磁性材料工件。

电磁吸盘的结构如图 3-10 所示，其外壳和盖板是钢制箱体，箱内安装多个套上电磁线圈的芯体，钢盖板用非磁性材料隔成多个小块。当线圈通入直流电后，凸起的芯体和隔离的钢条被磁化而形成磁极。当工件放在磁极中间时，磁通以芯体和工件作为回路，磁路就构成闭合回路，将工件牢牢吸住。

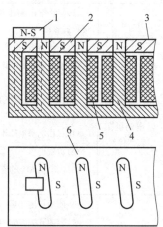

图 3-10 M7120 型平面磨床电磁吸盘结构示意图

1-工件；2-非磁性材料；3-工作台；4-芯体；5-线圈；6-盖板

2. 安装

图 3-11 为 M7120 型平面磨床电气控制线路图。表 3-6 为 M7120 型平面磨床电气元件明细表。

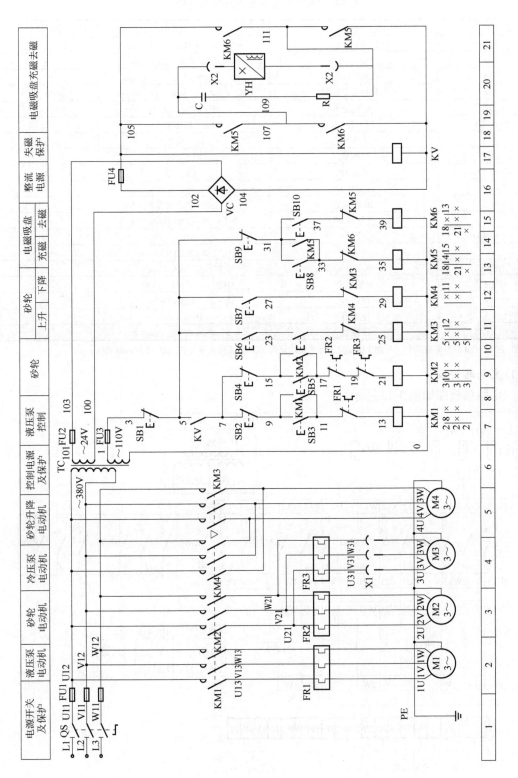

图 3-11　M7120 型平面磨床电气控制线路图

表 3-6　M7120 型平面磨床电气元件

符号	名称	型号及规格	数量
M1	液压泵电动机	J02-21-4，1.1kW，1410r/min	1
M2	砂轮电动机	J02-31-2，3kW，2860r/min	1
M3	冷却泵电动机	PB-25A，0.12kW，3000r/min	1
M4	砂轮升降电动机	J02-801-4，0.75kW，1410r/min	1
QS	电源转换开关	HZ1-25/3，25A	1
KM1～KM6	交流接触器	CJ0-10A，线圈电压110V	1
FU1	熔断器	RL1-60/25	3
FU2	熔断器	RL1-45/2	2
FU3、FU4	熔断器	RL1-15/2	6
FR1	热继电器	JR10-10，整定电流2.17A	1
FR2	热继电器	JR10-10，整定电流6.16A	1
FR3	热继电器	JR10-10，整定电流0.47A	1
SB1～SB10	按钮	LA2	10
VC	整流器	4X2CZ11C	1
KV	欠电压继电器	JT4-P，直流110V	1
YH	电磁吸盘	HDXP，110V，1.45A	1
R	电阻器	GF，500Ω，50W	1
C	电容器	110V，5μF	1
X1	接插器	CY0-36，三级	1

注：在 M7120 型平面磨床中，电磁吸盘和欠压继电器均采用 24V 直流继电器代替，RC 吸收回路去除。

1) 主电路安装

主电路接线图如图 3-12 所示。

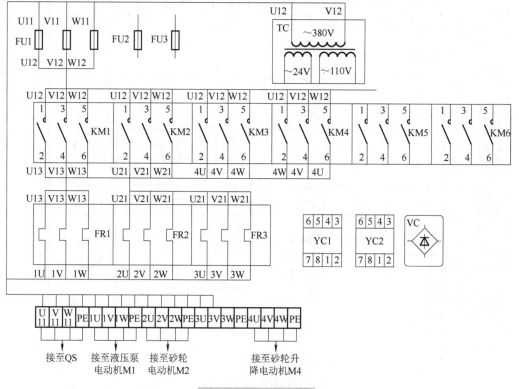

图 3-12　主电路接线图

2)控制电路的安装

控制箱内部元件布置图如图 3-13 所示。外围元件布置图如图 3-14 所示。外围元件接线图如图 3-15 所示。

注意：安装板上元器件名称见主电路接线图。

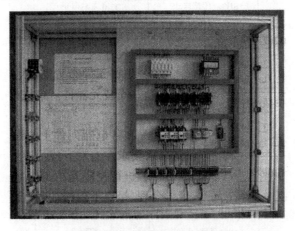

图 3-13 控制箱内部元件布置图

(a)实物布置图

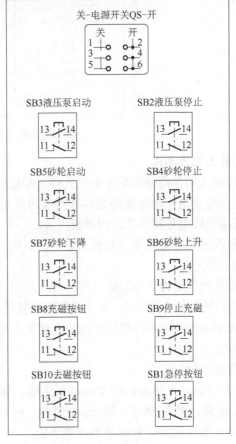

(b)元件布置图

图 3-14 外围元件面板

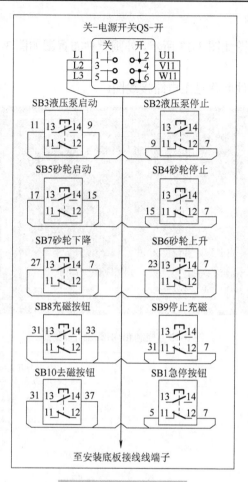

图 3-15　外围元件接线图

3)安装工艺及要求

（1）按电气元件明细表配齐电气元件，并检验其规格和质量是否合格。根据电动机容量，正确选配导线规格，根据线路走向及要求和各元件的安装尺寸，正确选配导线敷设方法和数量、接线端子板型号和节数、控制板尺寸。

（2）根据元件布置图在控制板上定位、划线、打孔、攻丝并安装元器件。走线槽要求平行安装在元器件之间。

（3）在各电气元件上方粘贴与原理图上相同代号的标签纸，要求左右对齐成一直线。

（4）进行控制箱内部布线，要求走线横平竖直、合理、接点不得松动，符合接线工艺要求。

① 线槽布线：进入线槽的导线要完全置于走线槽内，尽可能避免交叉，装线不要超过其容量的 70%。

② 接线步骤如下。

i. 控制线路：采用 BV-1/1.13mm 铜塑线，保护线采用 BVR(黄绿双色)铜塑线。

ii. 主电路：采用 BV-1/1.37mm 铜塑线，可用黄、绿、红三种颜色以区分 U、V、W 三相。

iii. 统一放主电路、控制电路的端子线。

iv. 在各电气元件及接线端子板接点的线头上，套有与原理图上相同线号的编码套管，号码管朝向一致。

(5)外围元件布线。

① 放线：从控制箱内部元件端子处向外围元件端子处放线，成弧形自底座向上理顺，分清左右，用缠绕管绕至框架最边上。

② 接线：应在离需接器件最外侧约5cm左右通过缠绕管向上顺线，先到的线就近分线，依次向上取出要接的线，每个分叉处均用扎线扣固定，接近按钮等处的线应留余量并呈一定弧度接入器件，套上号码管，线头用U形插针处理。

③ 将电机线沿支架嵌入凹槽内，用缠绕管绑扎，并留余量，使其呈弧形进入接线盒。

(6)检查电路的接线是否正确，检测电动机及线路的绝缘电阻。

(7)检查熔体规格及各整定值是否符合要求。

(8)检查电动机、控制板、支架等金属外壳是否可靠接地。

【知识链接】 M7120型平面磨床的工作原理

1)主电路工作原理

主电路中有4台电动机，分别为液压泵电动机M1、砂轮电动机M2、冷却泵电动机M3和砂轮升降电动机M4，它们的短路保护均由熔断器FU1实现。热继电器FR1、FR2、FR3分别为M1、M2、M3的过载保护。液压泵电动机M1只需要单向旋转，由接触器KM1控制。由于冷却泵电动机M3必须在砂轮电动机M2运转后才能启动，所以它们由同一个接触器KM2控制。砂轮升降电动机M4由接触器KM3和KM4控制，要求能正反转，由于M4是点动短时运转，故未设过载保护。

2)控制电路工作原理

(1)液压泵电动机M1的控制。若电源电压正常，由变压器TC副绕组提供135V交流电压，经桥式整流器VC整流后得到110V直流电压，使欠电压继电器KV线圈得电吸合，其常开触头KV闭合，为电动机的启动做好准备。若电源电压偏低，KV不能可靠工作，则4台电动机均不能启动。

KV吸合后，再按下启动按钮SB3，接触器KM1线圈得电并自锁，其主触头KM1闭合，M1启动并连续运转。按下停止按钮SB2，M1失电停转。

(2)砂轮电动机M2及冷却泵电动机M3的控制。KV吸合后，按下启动按钮SB5，接触器KM2线圈得电并自锁，其主触头KM1闭合，M2启动并连续运转，按下停止按钮SB4，KM2线圈失电，M2停转。M3在插上插头X1后，与M2同时启动、停止。如果不需要冷却液，拔下插头X1即可。

(3)砂轮升降电动机M4的控制。由于砂轮升降是短时运转，故采用点动控制。按下启动按钮SB6，接触器KM3线圈得电吸合，其主电路中的主触头KM3闭合，M4启动并正转，砂轮上升。当砂轮上升到所需位置时，松开SB6，KM3线圈失电，M4停转，砂轮停止上升。按下启动按钮SB7，KM4线圈得电吸合，M4启动并反转，砂轮下降，当砂轮下降到所需位置时，松开SB7，M4停转，砂轮停止下降。为了防止接触器KM3、KM4同时得电吸合，控制电路中分别串联对方的常闭联锁触头，以免造成短路故障。

(4)电磁吸盘YH控制电路。电磁吸盘的控制电路包括整流装置、控制装置和保护装置3个部分。整流装置由变压器TC和单相桥式全波整流器VC组成，供给110V直流电源。控制装置由按钮SB8、SB9、SB10和接触器KM5、KM6等组成。

充磁时，按下充磁按钮 SB8，接触器 KM5 线圈得电吸合并自锁，KM5 主触头闭合，电磁吸盘 YH 线圈得电，工作台充磁吸住工件。同时去磁控制电路中的 KM5 联锁触头断开，实现对接触器 KM6 的联锁。

工件加工结束后，先按下停止按钮 SB9，接触器 KM5 线圈失电，切断充磁电路。由于吸盘和工件都有剩磁，工件不容易取下，此时必须对吸盘和工件进行去磁。

去磁时，按下去磁按钮 SB10，接触器 KM6 线圈得电吸合，KM6 主触头闭合，YH 线圈反向通入直流电，产生反向磁通抵消吸盘和工件的剩磁，达到去磁的目的。应注意去磁时间不能过长，否则将使工作台反向磁化，因此 SB10 采用点动控制。

保护装置由放电电阻 R、放电电容 C 及欠电压继电器 KV 组成。电磁吸盘线圈在充磁过程中，储存了大量磁场能量。当电磁吸盘脱离电源瞬间，线圈两端产生很大的自感电动势，会损坏线圈和其他电器，因此在线圈两端并接 RC 放电支路，在电磁吸盘线圈断电时，通过 R 和 C 放电，消耗电感的磁场能量。欠电压继电器 KV 的作用是防止电源电压下降或消失时，电磁吸盘吸力不足或无吸力而导致工件被抛出，造成事故。

3. 调试

在现场监护人员指导下，学生根据电气原理图的控制要求独立进行调试，若发现有异常情况应立即切断电源。

调试步骤如下。

(1)接通电源，合上转换开关 QS、KV 通电吸合。

(2)按下充磁按钮 SB8，接触器 KM5 通电吸合并自锁，电磁吸盘充磁。

(3)按下按钮 SB3，接触器 KM1 通电吸合并自锁，液压泵电动机 M1 连续运转；按下按钮 SB2，接触器 KM1 断电释放，液压泵电动机 M1 失电停转。

(4)按下按钮 SB5，接触器 KM2 通电吸合并自锁，砂轮电动机 M2 连续运转；按下按钮 SB4，接触器 KM2 断电释放，砂轮电动机 M2 失电停转。

(5)按下按钮 SB6，接触器 KM3 通电吸合，砂轮升降电动机 M4 通电正向运转(点动)。

(6)按下按钮 SB7，接触器 KM4 通电吸合，砂轮升降电动机 M4 通电反向运转(点动)。

(7)按下按钮 SB9，接触器 KM5 断电释放，电磁吸盘停止充磁。

(8)按下退磁按钮 SB10，接触器 KM6 通电吸合，电磁吸盘退磁(点动)。

(9)发现异常情况，立即按下急停按钮 SB1 或电源开关 QS，排除故障。

4. 检修

检修步骤如下。

(1)熟悉磨床的主要结构和运动形式、工作状态，对磨床模拟排故教具进行实际操作，熟练掌握磨床各个控制环节的工作原理。

(2)熟悉磨床模拟排故教具内电气元件的安装位置，走线情况。

(3)由教师设置故障点，安排并指导学生按照检查步骤和检修方法进行检修。

(4)排故过程中，不得采用更换电气元件、借用触头或改动线路的方法修复故障点。

(5)严禁扩大故障范围或产生新的故障，不得损坏电气元件或设备。

(6)停电要验电。带电检修时，必须有指导教师在现场监护，以确保用电安全。

5. 故障分析

故障现象 1：砂轮只能下降不能上升。

故障现象分析：造成故障的原因大多是接触器 KM3 内部机械故障或线圈断路；KM4 常闭联锁触头接触不良；SB6 常开按钮接触不良；5#、23#、25#接线松脱或断线等。

故障现象 2：砂轮和冷却泵电动机不工作。

故障现象分析：冷却泵电动机只有在砂轮电动机工作时才能够启动。分析此故障范围时，必须从砂轮电动机下手。检修流程如图 3-16 所示。

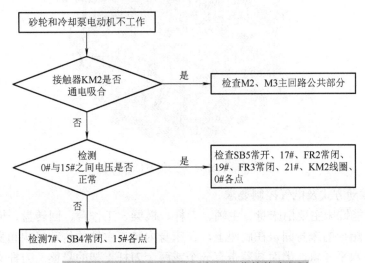

图 3-16　砂轮和冷却泵电动机不工作检修流程图

故障现象 3：电磁吸盘不充磁。

故障现象分析：检修流程如图 3-17 所示。

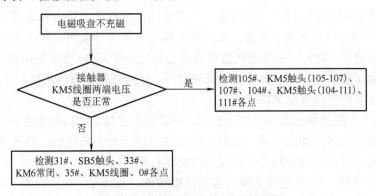

图 3-17　电磁吸盘不充磁检修流程图

任务 3　X62W 型万能铣床的故障维修与调试

万能铣床是一种通用的多用途机床，它可以用圆柱铣刀、圆片铣刀、成形铣刀及端面铣刀等工具对各种零件进行平面、斜面、螺旋面及成形表面的加工，还可以加装万能铣头和圆工作台来扩大加工范围。图 3-18 为 X62W 型万能铣床外形图。

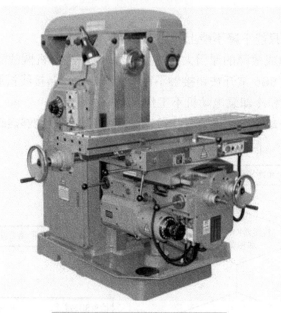

图 3-18　X62W 型万能铣床外形图

1. 机床的运动方式及电气控制要求

X62W 型万能铣床主要由床身、主轴、刀杆、横梁、工作台、回转盘、横滑板和升降台等几部分组成。箱形的床身固定在底座上，在床身内装有主轴的传动机构和变速操纵机构。在床身的顶部有水平导轨，上面装着带有一个或两个刀杆支架的悬梁。刀杆支架用来支撑铣刀心轴的一端，心轴的另一端则固定在主轴上，由主轴电动机通过弹性联轴器来驱动主轴，带动铣刀切削。工作台面的移动由进给电动机驱动，它通过机械机构使工作台能以三种形式在 6 个方向上移动，即工作台面能直接在溜板上部可转动部分的导轨上作纵向(左、右)移动；工作台面借助横溜板作横向(前、后)移动；工作台面还能借助升降台作垂直(上、下)移动。工作台上有 T 形槽来固定工件。这样，安装在工作台上的工件就可以在 3 个坐标轴的 6 个方向上调整位置或进给。此外，由于回转盘可绕中心转过一个角度(通常是+45°)，因此，工作台在水平面上除了能在平行或主轴轴线方向进给外，还能在倾斜方向进给，可以加工螺旋槽，故称万能铣床。其电气控制要求如下。

(1)铣削加工有顺铣和逆铣两种加工方式，所以要求主轴电动机能正反转，但考虑到正反转操作并不频繁，大多数情况下是一批或多批工件只用一种方向铣削，并不需要经常改变电动机转向。因此，可用万能转换开关实现主轴电动机的正反转。

(2)铣刀的切削是一种不连续切削，容易使机械传动系统发生振动，为了避免这种现象，在主轴传动系统中装有惯性轮，但在高速切削后，停车很费时间，故采用电磁离合器制动以实现准确停车。

(3)工作台要求有前后、左右、上下 6 个方向的进给运动和快速移动，所以要求进给电动机能正反转，并通过操纵手柄和机械离合器相配合来实现。为了扩大其加工能力，在工作台上可加装圆形工作台，圆形工作台的回转运动是由进给电动机经传动机构驱动的。

应注意如下问题。

(1)为了防止刀具和机床的损坏，要求只有主轴旋转后，才允许有进给运动和进给方向的快速移动。

（2）为了减小加工件表面的粗糙度，只有进给停止后主轴才能停止或同时停止。本机床在电气上采用了主轴和进给同时停止的方式，但由于主轴运动的惯性很大，实际上就满足了进给运动先停止，主轴运动后停止的要求。

（3）6 个方向的进给运动中同时只能有一种运动产生，本机床采用了机械操纵手柄和位置开关相配合的方式来实现 6 个方向的联锁。

（4）主轴运功和进给运动采用变速盘来进行速度选择。为了保证变速齿轮进入良好啮合状态，两种运动都要求变速后作瞬时冲动。

（5）主轴电动机或冷却泵电动机过载时，进给运动必须立即停止，以免损坏刀具和铣床。

（6）要求有冷却系统、照明设备及各种保护措施。

【知识链接】　电磁离合器

DLMX-5 湿式多片电磁离合器主要用于机械传动系统中，可在主动部分运转的情况下，使从动部分与主动部分结合或分离。目前我国生产的 X62、X63 系列铣床采用此种离合器作为主轴传动、快速进给、慢速进给使用。其外形及内部结构如图 3-19 所示。

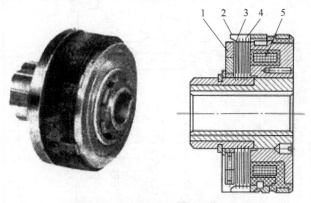

图 3-19　电磁离合器外形及内部结构

1-衔铁；2-联结；3-外片；4-内片；5-线圈

当线圈通电时，磁力线穿过摩擦片将衔铁吸附，衔铁将摩擦片压紧，内外摩擦片通过联结及花键套进行扭矩传递。

电磁离合器工作条件如下。

（1）DLMX-5 电磁离合器为湿式多片电磁离合器。其必须浸在油中使用，或采用滴油方式润滑，且润滑油必须保持清洁，不得含有导电杂质。

（2）水平安装使用，安装好的离合器应保证摩擦片呈自由状态，并能轻便地沿花键套和联结移动。

（3）周围空气相对湿度不大于 85%（20℃ ± 5℃）。

（4）在无爆炸危险，无足以腐蚀金属和破坏绝缘的气体和导电尘埃的介质中。

（5）离合器用于直流 32V 电路中，线圈的电压波动不超过 +5% 和 -15% 的额定电压。

图 3-20 为 X62W 型万能铣床电气控制线路图。表 3-7 为 X62W 型万能铣床电气元件明细表。

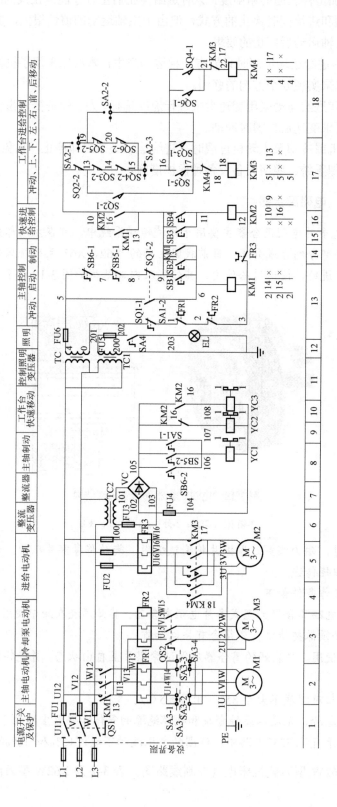

图 3-20　X62W 型万能铣床电气控制线路图

表 3-7　X62W 型万能铣床电气元件明细表

符号	名称	型号及规格	数量	用途
M1	电动机	JDO2-51-4，7.5kW，1450r/min	1	驱动主轴
M2	电动机	JO2-22-4，1.5kW，1410r/min	1	开始进给
M3	电动机	JCB-22，0.125kW，2790r/min	1	驱动冷却泵
QS1	开关	60A，500V	1	总开关
QS2	开关	10A，500V	1	冷却泵开关
SA2	开关	HZ1-10/3J，10A，500V	1	圆工作台开关
FU1	熔断器	RL1-60，60A	3	电源总保险
FU2	熔断器	RL1-15，5A	1	整流电路保护
FU3	熔断器	RL1-15，5A	1	控制回路保护
FR1	热继电器	JR0-60/3，16A	1	M1 过载保护
FR2	热继电器	JR0-20/3，1.5A	1	M3 过载保护
TC	变压器	BK-150，380/100V	1	控制回路电源
KM1	接触器	CJ0-20，20A，110V	1	主轴启动
KM2	接触器	CJ0-10，10A，110V	1	快速进给
KM3	接触器	CJ0-10，10A，110V	1	M2 正转
KM4	接触器	CJ0-10，10A，110V	1	M2 反转
SB1，SB2	按钮	LA2	2	M1 启动
SB3，SB4	按钮	LA2	2	快速进给点动
SB5，SB6	按钮	LA2	2	停止，制动
YC1	电磁离合器	定做	1	主轴制动
YC2	电磁离合器	定做	1	正常进给
YC3	电磁离合器	定做	1	快速进给
SQ1	位置开关	LX1-11K	1	主轴冲动开关
SQ2	位置开关	LX3-11K	1	进给冲动开关
SQ3	位置开关	LX2-131	1	
SQ4	位置开关	LX2-131	1	M2 正反转，联锁
SQ5	位置开关	LX2-131	1	M2 正反转，联锁
SQ6	位置开关	LX2-131	1	M2 正反转，联锁

1）主电路安装

主电路接线图如图 3-21 所示。

2）控制电路安装

控制箱内部元件布置如图 3-22 所示。外围元件布置如图 3-23 所示。外围元件接线图如图 3-24 所示。

注意：安装板上元器件名称见主电路接线图。

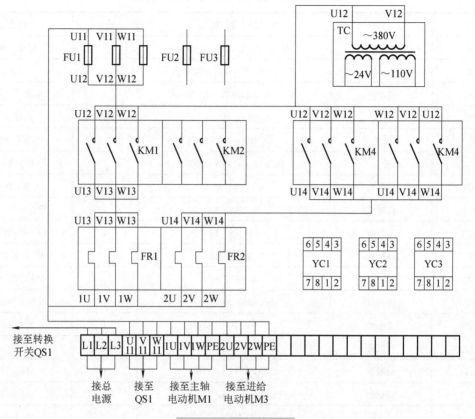

图 3-21　主电路接线图

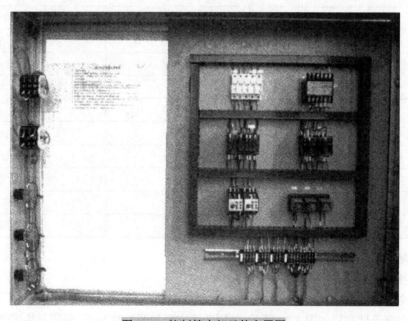

图 3-22　控制箱内部元件布置图

(a)左面板实物图

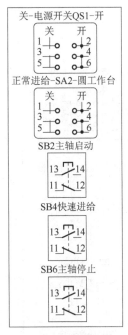

(b)左面板布置图

(c)右面板实物图

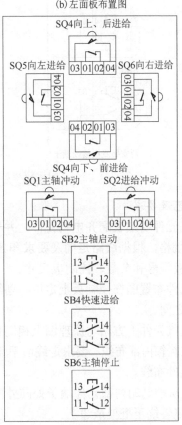

(d)右面板布置图

图 3-23 外围元件布置

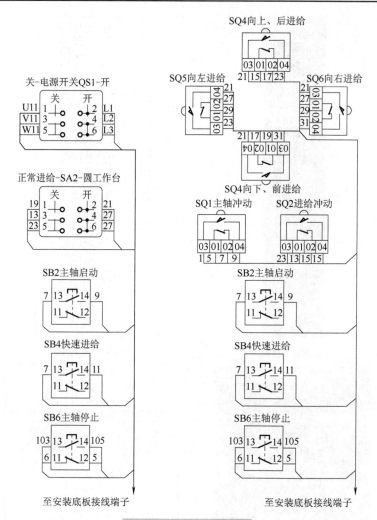

图 3-24　外围元件接线图

3)安装工艺及要求

(1)按电气元件明细表配齐电气元件,并检验其规格和质量是否合格。根据电动机容量,正确选配导线规格,根据线路走向及要求和各元件的安装尺寸,正确选配导线敷设方法和数量、接线端子板型号和节数、控制板尺寸。

(2)根据元件布置图在控制板上定位、划线、打孔、攻丝并安装元器件。走线槽要求平行安装在元器件之间。

(3)在各电气元件上方贴与原理图上相同代号的标签纸,要求左右对齐成一直线。

(4)进行控制箱内部布线,要求走线横平竖直、合理、接点不得松动,符合接线工艺要求。

(5)外围元件布线。

① 放线:从控制箱内部元件端子处向外围元件端子处放线,成弧形自底座向上理顺,分清左右,用缠绕管绕至框架最边上。

② 接线:应在离需接器件最外侧约 5cm 左右通过缠绕管向上顺线,先到的线就近分线,依次向上取出要接的线,每个分叉处均用扎线扣固定,接近按钮等处的线应留余量并呈一定弧度接入器件,套上号码管,线头用"U"形插针处理。

③ 将电机线沿支架嵌入凹槽内，用缠绕管绑扎，并留余量，使其呈弧形进入接线盒。

（6）检查电路的接线是否正确，检测电动机及线路的绝缘电阻。

（7）检查熔体规格及各整定值是否符合要求。

（8）检查电动机、控制板、支架等金属外壳是否可靠接地。

【知识链接】　X62W 型万能铣床工作原理

1）主电路工作原理

主电路中共有 3 台电动机，M1 是主电动机——拖动主轴带动铣刀进行铣削加工；M2 是冷却泵电动机——供应冷却液；M3 是工作台进给电动机——拖动升降台及工作台进给。3 台电动机共用一组熔断器 FU1 作为短路保护。其中，主电动机和工作台进给电动机设有热继电器作为过载保护。冷却泵电动机在主电动机启动后方可开动，另有手动开关 QS2 控制。进给电动机的正反转频繁，用接触器 KM3 和 KM4 进行换向。

2）控制电路工作原理

（1）主轴电动机的控制。控制线路中的启动按钮 SB1 和 SB2、停止按钮 SB5 和 SB6 是两地控制按钮，分别装在机床两处方便操作。KM1 是主电动机 M1 的启动接触器，YC1 则是主轴制动用的电磁离合器，SQ1 是主轴变速冲动的行程开关。主轴电动机是经过弹性联轴器和变速机构的齿轮传动链来实现传动的，可使主轴获得 18 级不同的转速。

① 主轴电动机的启动。启动前先合上电源开关 QS1，然后按启动按钮 SB1（或 SB2），接触器 KM1 线圈得电吸合，主触头闭合，主轴电动机 M1 连续运转。

② 主轴电动机的停车制动。当铣削完毕，需要主轴电动机 M1 停车时，按停止按钮 SB5（或 SB6），接触器 KM1 线圈断电释放，主轴电动机 M1 失电，同时由于 SB5-2 或 SB6-2 接通电磁离合器 YC1，对主轴电机进行制动。当主轴停车后方可松开停止按钮。

③ 主轴变速的冲动控制。主轴变速时的冲动控制是利用变速手柄与冲动行程开关 SQ1 通过机械上的联动机构进行控制的。

将变速手柄拉开，啮合好的齿轮脱离，可以用变速盘调整所需要的转速（实质是改变齿轮传动比），然后将变速手柄推回原位，使改变了传动比的齿轮组重新啮合。由于齿与齿之间的位置不能刚好对上，因此造成啮合困难。若在啮合时齿轮系统能冲动一下、啮合将十分方便。当手柄推进时，手柄上装的凸轮将弹簧杆推动一下位置开关 SQ1，SQ1 的常闭触头 SQ1-2 先断开，然后常开触头 SQ1-1 闭合使接触器 KM1 通电吸合，电动机 M1 启动，但紧接着凸轮放开弹簧杆，SQ1 复位，常开触头 SQ1-1 先断开，常闭触头 SQ1-2 闭合，电动机 M1 断电。此时并未采取制动措施，故电动机 M1 冲动使齿轮系统抖动，保证了齿轮的顺利啮合。

（2）工作台进给电动机的控制。

① 圆工作台的控制。为了扩大机床的加工能力，可在机床上安装附件圆工作台，这样可以进行圆弧或凸轮的铣削加工。当需要圆工作台运动时，将转换开关 SA2 扳到接通位置，则触头 SA2-1 和 SA2-3 断开，SA2-2 闭合。电流路径如图 3-25（a）所示。接触器 KM3 通电吸合，电动机 M2 连续正转。

在圆工作台开动时，其余进给一律不准运动，若有误操作，拨动了进给手柄中的任意一个，则必然使位置开关 SQ3~SQ6 中的某一个被压动，则其常闭触头将断开，使电动机停转，从而避免了机床事故。

按下主轴停止按钮 SB5 或 SB6，主轴停转，圆工作台也停转。

当不需要圆工作台旋转时，转换开关 SA2 扳到断开位置，此时触头 SA2-1 和 SA2-3 闭合，SA2-2 断开，以保证工作台在 6 个方向的进给运动。由此可见，圆工作台的旋转运动和 6 个方向的进给运动也是联锁的。

② 工作台左右进给运动。工作台的左右运动是由左右进给操纵手柄来控制的。操作手柄与位置开关 SQ5 和 SQ6 联动，有左、中、右 3 个位置。其控制关系如表 3-8 所示。

表 3-8　工作台进给操纵手柄功能

手柄位置	位置开关动作	接触器动作	M3 转向	工作台运动方向
左	SQ5	KM3	正转	向左
中	—	—	停止	停止
右	SQ6	KM4	反转	向右
上	SQ3	KM3	正转	向上
下	SQ4	KM4	反转	向下
前	SQ4	KM4	反转	向前
后	SQ3	KM3	正转	向后
中	—	—	停止	停止

手柄扳向左或右位置时，手柄压下位置开关 SQ5 或 SQ6，使常闭触头 SQ5-2 或 SQ6-2 分断，常开触头 SQ5-1 或 SQ6-1 闭合，接触器 KM3 或 KM4 通电吸合，电动机 M3 连续正转或连续反转，拖动工作台向左或向右运动。电流路径如图 3-25(b) 或 (c) 所示。

位置开关在工作台两端各设置一块挡铁。当工作台纵向运动到极限位置时，挡铁撞动纵向操作手柄，使它回到中间位置，工作台停止运动，从而实现纵向运动的终端保护。

③ 工作台上下和前后进给。操纵工作台上下和前后运动是用一个手柄控制的。放手柄与位置开关 SQ3 和 SQ4 联动，有上、下、前、后、中 5 个位置。其控制关系如表 3-8 所示。

当手柄扳至下或前位置时，手柄压下位置开关 SQ4，使常闭触头 SQ4-2 分断，常开触头 SQ4-1 闭合，接触器 KM4 通电吸合，电动机 M3 连续反转，拖动工作台向下或向前运动。电流路径如图 3-25(d) 所示。

当手柄扳至上或后位置时，手柄压下位置开关 SQ3，使常闭触头 SQ3-2 分断，常开触头 SQ3-1 闭合，接触器 KM3 通电吸合，电动机 M3 连续正转；拖动工作台向上或向后运动。电流路径如图 3-25(e) 所示。

当手柄扳至中间位置时，位置开关 SQ3 和位置开关 SQ4 均未被压合，工作台无任何进给运动。

这 5 个位置是联锁的，各方向的进给不可能同时接通，所以不会出现传动紊乱的现象。

④ 左右进给手柄与上下前后进给手柄的联锁控制。在两个手柄中，只能进行其中一个进给方向上的操作，这是因为在控制电路中对两者实现了联锁保护。若当把左右进给手柄扳向左时，又将另一个手柄扳向向下进给方向，则位置开关 SQ5 和 SQ4 均被压下，触头 SQ5-2 和 SQ4-2 均分断，断开了接触器 KM3 和 KM4 的通路，电动机 M3 只能停转，保证操作安全。

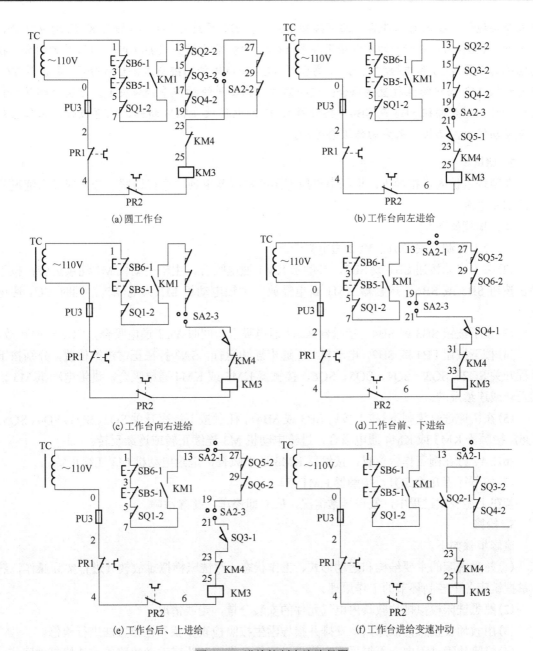

图 3-25　进给控制电流路径图

⑤ 进给变速冲动的控制。和主轴变速一样，为了使齿轮进入良好的啮合状态，也要做变速后的瞬时点动。在进给变速时，必须先把进给操纵手柄放在中间位置，然后将变速盘往外拉，使进给齿轮松开，待转动变速盘选择好以后，将变速盘向里面推。在推进时，挡块压住位置开关 SQ2，使常闭触头 SQ2-2 断开，常开触头 SQ2-1 闭合，接触器 KM3 通电吸合，电动机 M2 启动。电流路径如图 3-25（f）所示。但随着变速盘复位，位置开关 SQ2 复位，接触器 KM3 失电，电动机失电停转。

这样，电动机接通一下电源，齿轮系统产生一次抖动，使齿轮啮合顺利进行。

⑥ 工作台的快速移动。6 个进给方向的快速移动是通过两个进给操作手柄和快速移动按

钮配合实现的。安装好工件后，按下按钮 SB3 或 SB4(两地控制)，接触器 KM2 通电吸合，常闭触头(103-107)分断，切断电磁离合器 YC2，两对常开触头(103-109、7-13)同时闭合，接通电磁离合器 YC3 和进给控制电路。离合器 YC2 使齿轮传动链与进给丝杠分离，离合器 YC3 使电动机 M3 与进给丝杠直接搭合。进给的方向仍由进给操作手柄来决定。当快速移动到预定位置时，松开按钮 SB3 或 SB4，接触器 KM2 断电释放，YC3 断开，YC2 吸合，工作台的快速移动停止，仍按原来方向作进给运动。

2. 调试

在现场监护人员指导下，根据电气原理图的控制要求独立进行调试，若发现异常情况应立即切断电源。

调试步骤如下。

(1)合上电源开关 QS1，YC2 通电吸合。

(2)按下启动按钮 SB1 或 SB2，接触器 KM1 通电吸合，主轴电动机 M1 连续运转；按下停止按钮 SB5 或 SB6，接触器 KM1 断电释放，主轴电动机 M1 失电停转，同时 YC1 通电吸合。

(3)按下按钮 SB3 或 SB4，接触器 KM2 通电吸合，同时 YC3 通电吸合，YC2 断电释放。

(4)按下按钮 SB1 或 SB2，电动机 M1 通电连续运行，SA2 打在正常进给位置，分别按下行程开关 SQ2、SQ3、SQ4、SQ5、SQ6，接触器 KM3 或 KM4 通电吸合，进给电动机 M3 连续正转或连续反转。

(5)在快速进给控制下(按下按钮 SB3 或 SB4)，任意按下行程开关 SQ2、SQ3、SQ4、SQ5、SQ6，接触器 KM3 或 KM4 通电吸合，进给电动机 M3 连续正转或连续反转。

(6)SA2 打在圆工作台位置，接触器 KM3 通电吸合，进给电动机 M3 连续正转。

(7)按下行程开关 SQ1，接触器 KM1 点动。

若在上述调试过程中，发现异常情况，应立即停车，排除故障。

3. 检修

检修步骤如下。

(1)熟悉铣床的主要结构和运动形式、工作状态，对铣床模拟排故教具进行实际操作，熟练掌握铣床各个控制环节的工作原理。

(2)熟悉铣床模拟排故教具内电气元件的安装分量，走线情况。

(3)由教师设置人为故障点，安排并指导学生按照检查步骤和检修方法进行检修。

(4)排除故障过程中，不得采用交换电气元件、借用触头或改动线路的方法修复故障点。

(5)严禁扩大故障范围或产生新的故障，不得损坏电气元件或设备。

(6)停电要验电。带电检修时，必须有指导教师在现场监护，以确保用电安全。

4. 故障分析

故障现象 1：主轴电动机 M1 不工作。

故障现象分析：检修流程如图 3-26 所示。

故障现象 2：工作台无快进。

故障现象分析：检修流程如图 3-27 所示。

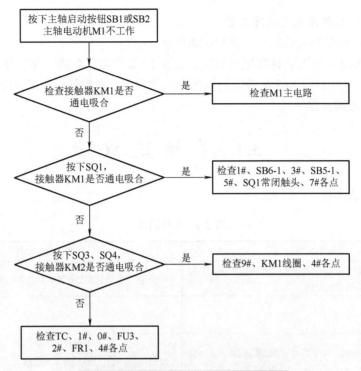

图 3-26　主轴电动机不工作故障检修流程

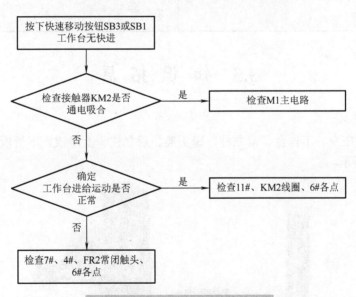

图 3-27　工作台无快进故障检修流程

5. 活动设计

1）M7120 型平面磨床电气故障排除

（1）熟悉 M7120 型平面磨床电气排故实训装置。

（2）教师在 M7120 型平面磨床电气装置设置 1～2 个电气故障。学生使用万用表等常用工具，参照图 3-11 所示的 M7120 型平面磨床电气原理图，对教师设置的故障进行现象分析、电气检测，直到故障排除。

2）X62W 型万能铣床电气故障排除

（1）熟悉 X62W 型万能铣床电气排故实训装置。

（2）教师在 X62W 型万能铣床电气装置上设置 1～2 个电气故障，学生使用万用表等常用工具，参照图 3-20 所示的 X62W 型万能铣床电气原理图，对教师设置的故障进行现象分析、电气检测，直至故障排除。

3.4 考 核 建 议

考核建议见表 3-9。

表 3-9 考核建议

职业技能考核			职业素养考核	
要求 1	根据图 3-11 的电气原理图排除 3～4 个故障，并进行分析		安全	按安全用电要求进行操作
教师评价			教师评价	
要求 2	根据图 3-20 的电气原理图排除 3～4 个故障，并进行分析		文明操作	（1）器件是否有损坏 （2）是否发生事故 （3）是否有不文明行为
教师评价			教师评价	

3.5 知 识 拓 展

1. T68 镗床

T68 镗床由床身、工作台、前立柱、镗头架、后立柱、上滑板、下滑板和层架构成。其外形如图 3-28 所示。

图 3-28 T68 镗床外形图

床身将各部件联合起来，前立柱固定在床身一端，上面装有镗头箱，它可以在前立柱的垂直导轨上上下移动，后立柱装在床身的另一端，可以沿床身水平方向移动，后立柱上的尾架可以沿后立柱上下移动，安装加工工件的工作台，可以沿床身和工作台之间的上滑板作纵向移动，上滑板和工作台又装在下滑板上，下滑板可以带着工作台横向移动。除此之外，工作台在上滑板上还可以绕工作台中心回转。

2. Z35 型摇臂钻床

Z35 型摇臂钻床主要由底座、内立柱、外立柱、摇臂、摇臂升降丝杠、主轴箱、主轴和工作台等部分组成。其外形如图 3-29 所示。

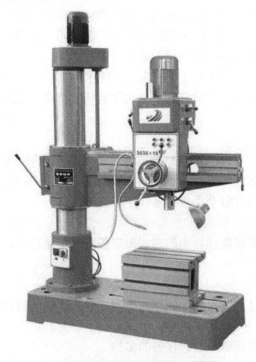

图 3-29　Z35 型摇臂钻床外形图

内立柱固定在底座上，外立柱可绕内立柱回转 360°。摇臂与外立柱一起相对内立柱回转，且借助丝杆，摇臂沿外立柱上下移动，主轴箱可以沿着摇臂上的水平导轨径向移动。加工时，可利用夹紧机构将主轴箱紧固在摇臂导轨上，外立柱紧固在内立柱上，摇臂紧固在外立柱上。摇臂钻床的主运动是主轴带动钻头的旋转运动，进给运动是钻头的上下运动，辅助运动是主轴箱沿摇臂水平移动，摇臂沿外立柱上下移动和摇臂连同外立柱一起绕内立柱的回转运动。

3.6　教　学　策　略

本学习情境按照行动导向教学法的教学理念实施教学过程，包括资讯、计划、决策、执行、检查、评估六个步骤，同时贯彻手把手，放开手，育巧手，手脑并用，学中做，做中学，学会做，做学结合的职教理念。

1. 资讯

1) 教师播放录像

教师首先播放一段有关压力机在生产中应用的录像，使学生对压力机有一个感性的认识，以提高学生的学习兴趣。

2)教师布置任务

(1)采用板书或PPT展示任务1的任务内容和具体要求。

(2)通过引导文问题让学生在规定时间内查阅资料,包括工具书、计算机或手机网络、电话咨询或同学讨论等多种方式,以获得问题的答案,目的是培养学生检索资料的能力。

(3)教师认真评阅学生的答案,重点和难点问题教师要加以解释。

对于任务1,教师可播放与任务1有关的视频,包含任务1的整个执行过程;或教师进行示范操作,以达到手把手,学中做从而教会学生实际操作的目的。

对于任务2,由于学生有了任务1的操作经验,教师可只播放与任务2有关的视频,不再进行示范操作,以达到放开手,做中学的教学目的。

对于任务3,由于学生有了任务1和任务2的操作经验,教师既不播放视频,也不再进行示范操作,让学生独立思考,完成任务,以达到育巧手,学会做的教学目的。

2. 计划

1)学生分组

根据班级人数和设备的台套数,由班长或学习委员进行分组。分组可采取多种形式,如随机分组、搭配分组、团队分组等,小组一般以4~6人为宜,目的是培养学生的社会能力,与各类人员的交往能力,同时每个小组指定一个小组的负责人。

2)拟定方案

学生可以通过头脑风暴或集体讨论的方式拟定任务的实施计划,包括材料、工具的准备,具体的操作步骤等。

3. 决策

由学生和教师一起研讨,决定任务的实施方案,包括详细的过程实施步骤和检查方法。

4. 执行

学生根据实施方案按部就班地进行任务的实施。

5. 检查

学生在实施任务的过程中要不断检查操作过程和结果,以最终达到满意的操作效果。

6. 评估

学生在完成任务后,要写出整个学习过程的总结,并做成PPT汇报。教师要制定各种评价表格,如专业能力评价表格、方法能力评价表格和社会能力评价表格,如表3-9所示,根据评价结果对学生进行点评,同时布置课下作业,作业一般选取同类知识迁移的类型。

学习情境四　PLC控制系统的安装与调试

4.1　学习目标

1. 知识目标

(1)认识可编程控制器的外形和基本接口。

(2)认识可编程控制器的基本编程元件。

(3)会应用基本指令编程。

(4)会编制调试3个灯顺序点亮的程序。

(5)会分配输入、输出点。

(6)能根据动作要求编写程序。

(7)了解光电传感器的原理与特点。

(8)了解霍尔传感器的原理与特点。

2. 技能目标

(1)能完成可编程控制器的输入、输出接线。

(2)能完成程序的编制和调试。

(3)能应用计算机输入、调试程序。

(4)能应用手持式编程器输入、调试程序。

(5)能安装PLC的外围线路。

(6)能调试程序。

(7)能进行安全文明操作。

(8)能测试光电传感器。

(9)能测试霍尔传感器。

(10)能应用传感器实现位置控制。

4.2　材料工具及设备

接触器线路板、光电传感器、霍尔传感器、接触器线路板、常用电工工具、三菱FX2系列PLC、手持式编程器、计算机等。

4.3　学习内容

项目(一)　PLC控制3个灯顺序点亮的程序编制与调试

 引导文

1)选择题

(1)在可编程控制器中所说的继电器是一个逻辑概念,一般称为(　　)。

　　(A)输入继电器　　　(B)输出继电器　　　(C)硬继电器　　　(D)软继电器

(2)PLC 中的输入继电器 X 按(　　)编号。

　　(A)二进制　　　　　(B)八进制　　　　　(C)十进制　　　　　(D)十六进制

(3)M8013 为产生(　　)脉冲的特殊辅助继电器。

　　(A)10ms　　　　　　(B)100ms　　　　　(C)1s　　　　　　　(D)1min

(4)ANB 指令连续使用时最多不允许超过(　　)次。

　　(A)8　　　　　　　　(B)10　　　　　　　(C)11　　　　　　　(D)无数

(5)在 PLC 简易编程器中，RD 键的功能是(　　)。

　　(A)程序读出　　　　(B)程序写入　　　　(C)程序插入　　　　(D)程序删除

(6)在 PLC 简易编程器中，WR 键的功能是(　　)。

　　(A)程序读出　　　　(B)程序写入　　　　(C)程序插入　　　　(D)程序删除

(7)在 PLC 简易编程器中，清除键的符号是(　　)。

　　(A)TEST　　　　　　(B)STEP　　　　　　(C)CLEAR　　　　　(D)OTHER

(8)OUT 指令是驱动线圈指令，但它不能驱动(　　)。

　　(A)输入继电器　　　(B)输出继电器　　　(C)暂存继电器　　　(D)内部继电器

(9)在梯形图编程中，常开触点与母线连接指令的助记符应该为(　　)。

　　(A)LDI　　　　　　　(B)LD　　　　　　　(C)OR　　　　　　　(D)ORI

(10)在 FX2 系列 PLC 的基本指令中，(　　)指令是无数据的。

　　(A)OR　　　　　　　(B)ORI　　　　　　　(C)ORB　　　　　　(D)OUT

2)判断题

(1)梯形图是 PLC 唯一的编程语言。(　　)

(2)在梯形图中，各元器件的常开、常闭触点使用的次数不受限制。(　　)

(3)ORB 是电路块串联连接指令；ANB 是电路块并联连接指令。(　　)

(4)END 是表示程序结束的指令。(　　)

(5)串联一个常开触点时采用 AND 指令；串联一个常闭触点时采用 LDI 指令。(　　)

(6)AND 和 ANI 仅用于单个触点与左边触点的串联，可以连续使用。(　　)

(7)在梯形图中，NOP 指令是表明在某一步上不做任何操作的指令。(　　)

(8)简易编程器一般只能用指令形式编程，而不能用图形形式编程。(　　)

(9)简易编程器在输入新程序时，不必将原有的程序清除。(　　)

3)拓展题

(1)梯形图的编程规则是什么?

(2)水塔水位自动运行电路系统如图 4-1 所示。试编写一段程序实现以下控制要求。

　① 当水池水位低于水池低水位界限时，液面传感器的开关 S01 接通(ON)，发出低位信号，指示灯 1 闪烁(1s 一次)；电磁阀门 Y 打开，水池进水。水位高于低水位界时，开关 S01 断开(OFF)，指示灯 1 停止闪烁。当水位升高到高于水池高水位界时，液面传感器使开关 S02 接通(ON)，电磁阀门 Y 关闭，停止进水。

　② 如果水塔水位低于水塔低水位界，液面传感器的开关 S03 接通(ON)，发出低位信号，指示灯 2 闪烁(1s 一次)；此时 S01 为 OFF，则电动机 M 运转，水泵抽水。水位高于低水位界时，开关 S03 断开(OFF)，指示灯 2 停止闪烁。水塔水位上升到高于水塔高水界时，液面传感器使开关 S04 接通(ON)，电动机停止运行，水泵停止抽水。电动机由接触器 KM 控制。

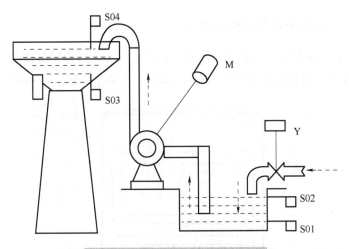

图 4-1 水塔水位自动运行电路系统

任务 1 三菱 FX2 系列 PLC 编程器的使用

1. 三菱 FX2 系列 PLC 编程器的连接

FX2 系列为小型 PLC，采用叠装式的结构形式，其外形如图 4-2 所示。

编程器是可编程控制器主要的外围设备，它不仅能对 PLC 进行程序的写入、修改、读出，还能对 PLC 的运行状况进行监控。FX-20P-E 简易编程器是 FX2 系列 PLC 常用的编程器。编程器与主机之间采用专用电缆连接，主机的型号不同，相应的电缆型号也不同。编程器本身不带电源，通过电缆给 PLC 供电，其连接方式如图 4-3 所示。

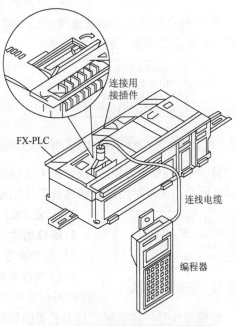

图 4-2 FX2 系列可编程控制器的外形图　　图 4-3 编程器与主机之间连接示意图

【知识链接】　FX-20P-E 简易编程面板

FX-20P-E 简易编程器由液晶显示屏、ROM 写入器接口、存储器卡盒接口，以及包括功能键、指令键、元件符号键和数据键等的键盘组成，其操作面板如图 4-4 所示。

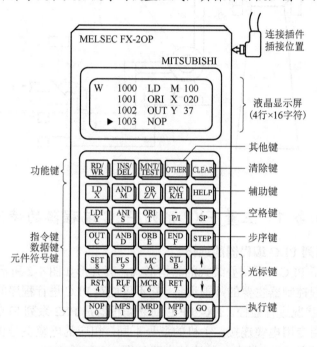

图 4-4　FX-20P-E 简易编程器的操作面板图

接通 PLC 电源后，编程器液晶显示屏显示画面如图 4-5 所示。2s 后液晶显示屏自动转至如图 4-6 所示的画面，通过方向键↑、↓可以选择工作方式，"■"所在行表示选中。

```
COPYRIGHT(C)1990
MITSUBISH
ELECTRIC CORP
MELSEC FXV3.0
```

```
PROGRAM MODE
■ ON LINE(PC)
  OFF LINE(HPP)
```

图 4-5　接通电源后编程器液晶显示屏显示的画面　　　　图 4-6　2s 后编程器液晶显示屏显示的画面

选择联机(ONLINE)方式，按 GO 键确认，即可进入功能选择状态。显示屏显示画面如图 4-7 所示，此时可用功能键选择工作状态。

```
ONLINE MODE FX
SELECT FUNCTION
OR MODE
MEM SETTING 2K
```

图 4-7　功能选择状态

2. 三菱 FX2 系列 PLC 编程与监控操作

1) 编程操作

（1）程序清零。

PLC 内存带有锂电池作为后备电源，断电后，存储器 RAM 中的程序仍可保留下来，在转入一个新程序时，一般应将原有的程序清除。

编程操作时，显示屏上显示的画面如图 4-8 所示。

在 PLC STOP 状态下，进入写入 W 状态，依次按 NOP、A 和 GO 键，则出现"ALL CLEAR？OK→O　NO→LEAR"，提示是否要全部清除，若要全部清除则按 GO 键。程序清零的操作过程如图 4-9 所示。

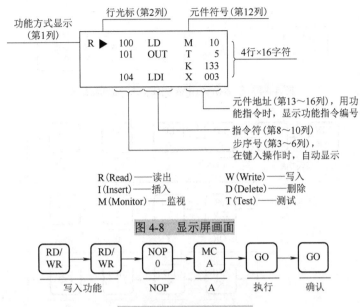

图 4-8 显示屏画面

图 4-9 程序清零操作过程

程序清零后显示屏上显示的画面如图 4-10 所示。

(2) 程序写入。

基本指令输入有如下三种情况。

① 仅有指令助记符，不带元件，如 ANB、ORB、MPS、MRD、MPP、END、NOP 等。写入这类基本指令的操作如图 4-11 所示。

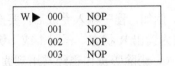

图 4-10 清零后显示屏显示的画面

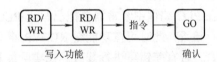

图 4-11 仅有指令助记符的指令输入

② 有指令助记符和一个元件，如 LD、LDI、AND、ANI、OR、ORI、SET、RST、PLS、PLF、MCR、OUT（除 OUT T 和 OUT C 外）等。写入这类基本指令的操作如图 4-12 所示。

图 4-12 有指令助记符和一个元件的指令输入

③ 有指令助记符和两个元件，如 OUT T、OUT C、MC 等。写入这类基本指令的操作如图 4-13 所示。

图 4-13 有指令助记符和两个元件的指令输入

例如，将图 4-14 所示的梯形图程序写入 PLC，可按图 4-15 所示步骤进行操作。

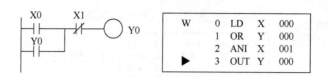

图 4-14　基本指令用梯形图及其液晶屏显示

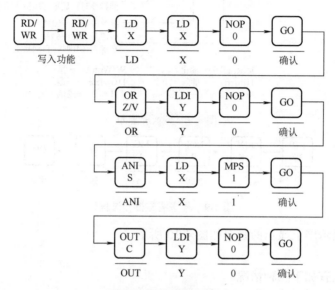

图 4-15　输入操作过程

（3）程序读出。

在 PLC 编程中经常需要把已写入 PLC 的程序读出。例如，程序输入完成后，要把程序读出进行检查，此时可按功能键 RD/WR 将写入 W 状态改为读出 R 状态，再用↑或↓键逐条读出检查，若有差错可进行修改。在实际编程中，程序插入、删除等操作也经常用到读出功能。

从 PLC 的内存中读出程序，可以根据步序号、指令、元件及指针等几种方式读出。

① 根据步序号读出程序。指定步序号，从 PLC 用户程序存储器中读出并显示程序的基本操作如图 4-16 所示。

图 4-16　根据步序号读出程序的基本操作

例如，要读出第 120 步的程序，可按图 4-17 所示操作进行。

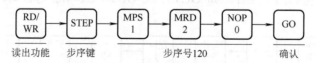

图 4-17　读出第 120 步的程序操作步骤

② 根据指令读出程序。指定指令，从 PLC 用户程序存储器中读出并显示程序的基本操作如图 4-18 所示。

例如，要读出指令 OR　Y0，可按图 4-19 所示步骤进行操作。

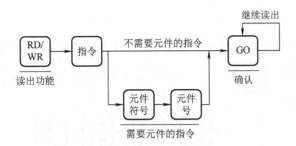

图 4-18　根据指令读出程序的基本操作

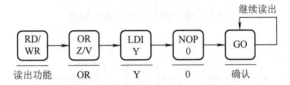

图 4-19　读出指令 OR Y0 的操作步骤

③ 根据元件读出程序。指定元件符号和元件号，从 PLC 用户程序存储器读出并显示程序的基本操作，如图 4-20 所示。

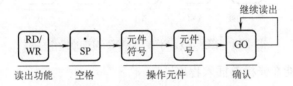

图 4-20　根据元件读出程序的基本操作

例如，要读出 Y0，可按图 4-21 所示操作进行。

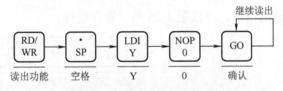

图 4-21　读出元件 Y0 的操作步骤

④ 根据指针读出程序。在 R（读）工作方式下读出 10 号指针的基本操作如图 4-22 所示。

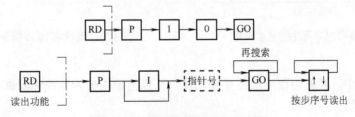

图 4-22　根据指针读出的操作步骤

屏幕上将显示 P10 及其步序号。读出中断程序用的指针时，应连续按两次 P/I 键。

注意：联机方式中，PLC 在运行状态时若要读出指令，只能根据步序号读出；若 PLC 为停止状态，还可以根据指令、元件以及指针读出指令。在脱机方式中，无论 PLC 处于何种状态，4 种读出方式均可使用。

(4) 插入程序。

插入程序是根据步序号读出程序，在指定的位置上插入指令。其基本操作如图 4-23 所示。

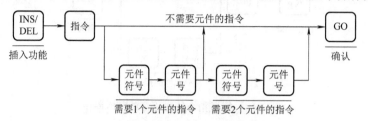

图 4-23　插入程序的基本操作

例如，在第 20 步前插入 ANI　Y10，可按图 4-24 所示操作进行。

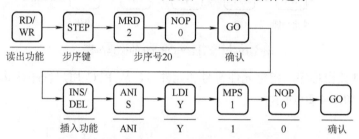

图 4-24　在第 20 步前插入 ANI Y10 的操作步骤

注意：通常，只能在光标前插入程序。

(5) 删除程序。

删除程序可在读出程序后切换至删除功能，按下执行键则删除光标指定的指令，基本操作如图 4-25 所示。

例如，删除第 20 步的指令，可按图 4-26 所示操作进行。

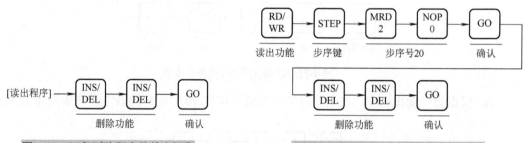

图 4-25　逐条删除程序的基本操作　　　　图 4-26　删除第 20 步指令的操作步骤

2) 监控操作

在实际应用中，经常会使用监控操作功能，而监控操作分为监视和测试两部分。

(1) 监视功能。

监视功能通过编程器的显示屏监视和确认在联机状态下 PLC 的动作和控制状态，包括导通检查、元件监视和动作状态的监视等内容。

① 导通检查。利用导通检查功能可以监视元件线圈动作和触点的导通状态。根据步序号或指令读出程序，再监视元件线圈动作和触点的导通状态。基本操作步骤如图 4-27 所示。

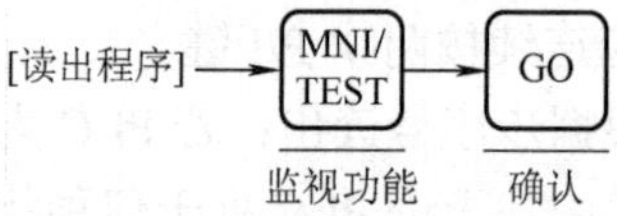

图 4-27　导通检查的基本操作

导通检查时，显示屏显示"■"表示当前触点导通，如图 4-28 所示。

② 元件监视。对指定元件的 ON/OFF 状态和 T、C 的设定值及当前值进行监视。基本操作步骤如图 4-29 所示。

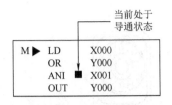

图 4-28　导通检查时的显示

图 4-29　元件监视的基本操作

例如，要监视 Y0 元件，可按图 4-30 所示操作进行。

进入元件监视后，有"■"标记的元件，则为 ON 状态，否则为 OFF 状态。图 4-31 表示 Y0 当前处于 ON 状态。

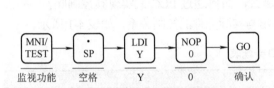

图 4-30　监视 Y0 元件的操作步骤

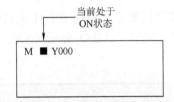

图 4-31　当前显示屏的显示

③ 动作状态的监视(PLC 状态——STOP)。监视 S 的动作状态操作如下：

【MNT】—【STL】—【GO】

可监视状态范围：S0~S899(当 M8049 为 ON 时，可监视 S900~S999)。

(2)测试功能。

测试功能利用编程器对 PLC 位元件的触点和线圈进行强制置位和复位(ON/OFF)以及对常数的修改，如强制置位、复位，修改 T、C 的当前值和 T、C 的设定值等内容。对元件进行强制 ON/OFF 操作时，应先对元件进行监视，然后进行测试，基本操作如图 4-32 所示。

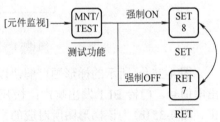

图 4-32　强制 ON/OFF 的基本操作

3. 活动设计

(1)使用连接电缆进行编程器与 PLC 的连接。

(2)使用编程器对 PLC 程序分别进行写入、读出、插入、删除、监视、测试等操作。

任务 2　FX2 系列 PLC 软元件与基本指令编程

PLC 是以软件编程来替代硬件接线实现控制要求的。厂家提供给用户的编程通常是梯形图和指令语句表两种方法，其中三菱 FX2N 提供了 20 条基本指令、2 条步进顺控指令和数十条功能指令。

下面通过一些任务来熟悉软元件及基本指令系统。

1. PLC 控制门铃

图 4-33 为 PLC 控制门铃上的一个开关电路，只有在门铃按钮 PB1 按下时，门铃 BL1 才响，即 BL1 只能在 PB1 工作的同一时间段内工作。

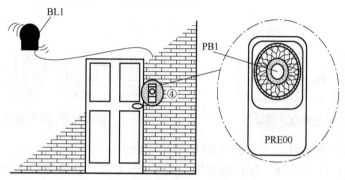

图 4-33 门铃上的开关电路

在实际应用中，必须用 PB1 来控制 BL1，那么，如何通过 PLC 来实现其控制呢？

通常，采用端口(I/O)分配表来确立输入、输出与实际元件的控制关系，如表 4-1 所示。

表 4-1 I/O 分配表

输入		输出	
输入设备	输入编号	输出设备	输出编号
门铃按钮 PB1	X000	门铃 BL1	Y000

根据表 4-1 得到外部接线图，如图 4-34 所示。

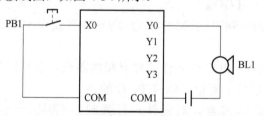

图 4-34 对应的 PLC 的外围元件接线图

图 4-35(a)所示的梯形图可解决以上问题。当按下 PB1 时，X000 接通，则 Y000 得电送出电信号，门铃 BL1 发出响声；松开 PB1 时，X000 断开，则 Y000 失电，门铃 BL1 响声停止。图 4-35(b)为该梯形图所对应的指令语句表。

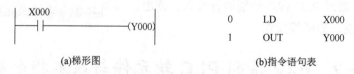

0	LD X000
1	OUT Y000

(a)梯形图　　　　　　　　(b)指令语句表

图 4-35 门铃上的开关电路程序

活动设计：

(1)按图 4-34 对 PLC 进行接线。

(2)按图 4-35 输入 PLC 程序。

(3)运行 PLC，观察 PLC 控制门铃的情况。

【知识链接】 软继电器

PLC 内部提供给用户使用的输入继电器、输出继电器、辅助继电器、定时器、计数器及每个存储单元都称为元件。由于这些元件都可以用程序软件来指定，故又称为软元件，但它们与真实元件不同，一般称它们为"软继电器"。这些编程用的继电器的工作线圈没有工作电压等级、功耗大小和电磁惯性等问题，触点没有数量限制、没有机械磨损和电蚀等问题。在不同的指令操作下，其工作状态可以无记忆，也可以有记忆，还可以作为脉冲数字元件使用。一般情况下，输入继电器用 X 表示，输出继电器用 Y 表示，辅助继电器用 M 表示，定时器用 T 表示，计数器用 C 表示，状态继电器用 S 表示等。

(1)输入继电器(X)。PLC 的输入端子是从外部接收信号的端口，PLC 内部与输入端子连接的输入继电器 X 是用光电隔离的电子继电器，它们的编号与接线端子编号一致，按八进制进行编号，线圈的通断取决于 PLC 外部触点的状态，不能用程序指令驱动。内部提供常开/常闭两种触点供编程时使用，且使用次数不限。

(2)输出继电器(Y)。PLC 的输出端子是向外部负载输出信号的端口。输出继电器的线圈通断由程序驱动，输出继电器也按八进制编号，其外部输出主触点接到 PLC 的输出端子上供驱动外部负载使用，内部提供常开/常闭触点供程序使用，且使用次数不限。

注意：输入继电器与输出继电器均采用八进制编号，其范围与输入/输出(I/O)端子数量、类型均随 PLC 规格型号的不同而有所不同。

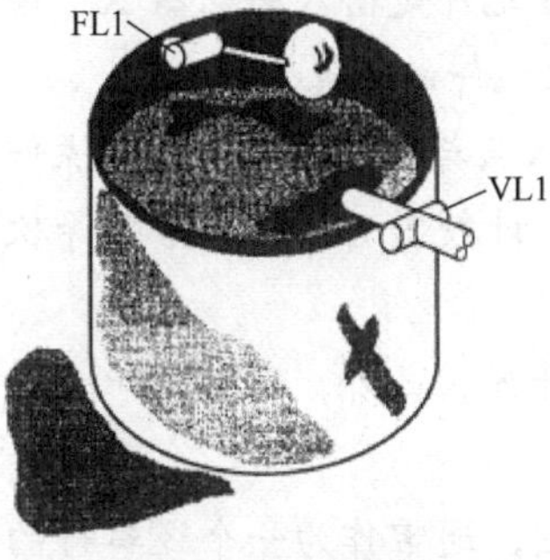

2. PLC 控制水位

如图 4-36 所示，一个注水空容器的自然状态是：浮阀 FL1 "悬"空，进水阀 VL1 打开，这样水就流入容器，当容器逐渐地注满水时，浮阀的浮标抬起，浮阀 FL1 发出信号时，进水阀 VL1 关闭，停止注水。

采用端口(I/O)分配表可以确立输入/输出与实际元件的控制关系，如表 4-2 所示。

根据表 4-2 得到外部接线图，如图 4-37 所示。

图 4-36 注水容器

表 4-2 I/O 分配表

输入		输出	
输入设备	输入编号	输出设备	输出编号
浮阀 FL1	X000	进水阀 VL1	Y000

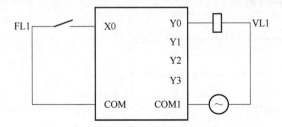

图 4-37 对应的 PLC 与外围元件接线图

图 4-38(a)所示的梯形图可解决以上问题,当浮阀 FL1"悬"空无信号时,X000 的常闭为接通状态,则 Y000 得电,进水阀 VL1 打开水就流入容器,当容器注满水时,浮阀的浮标抬起,浮阀 FL1 发出信号时,X000 的常闭断开,则 Y000 失电,进水阀 VL1 关闭,停止注水,当水位降低时,浮阀下降,供水阀重新打开。图 4-38(b)为该梯形图所对应的指令语句表。

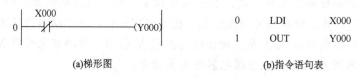

(a)梯形图　　　　　　　　　　　　(b)指令语句表

图 4-38　注水容器控制程序

活动设计:

(1)按图 4-37 对 PLC 进行接线。

(2)按图 4-38 输入 PLC 程序。

(3)运行 PLC,观察 PLC 控制水位的情况。

【知识链接】　连接驱动指令(LD/LDI/OUT)

(1)取指令 LD。其功能是取用常开触点与左母线相连。其操作元件是输入继电器 X、输出继电器 Y、辅助继电器 M、定时器 T、计数器 C、状态器 S 等软元件的触点。

(2)取反指令 LDI(又称为"取非"指令)。其功能是取用常闭触点与左母线相连。其操作元件是输入继电器 X、输出继电器 Y、辅助继电器 M、定时器 T、计数器 C、状态器 S 等软元件的触点。

LD 与 LDI 指令用于与母线相连的接点,作为一个逻辑行的开始。此外,还可用于分支电路的起点。

(3)驱动指令 OUT(又称为输出指令)。其功能是驱动一个线圈,通常作为一个逻辑行的结果。由于输入继电器 X 的通断只能由外部信号驱动,不能用程序指令驱动,所以 OUT 指令不能驱动输入继电器 X 线圈。OUT 指令的操作元件是输出继电器 Y、辅助继电器 M、定时器 T、计数器 C、状态器 S 等软元件的线圈。

注意:OUT 指令用于并行输出,能连续使用多次。当 OUT 指令的操作元件为定时器 T 或计数器 C 时,通常还需要一条常数设定语句。连接驱动指令和 OUT 指令的梯形图和指令语句表,如图 4-39 和图 4-40 所示。

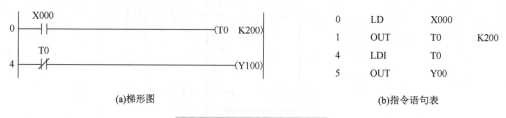

(a)梯形图　　　　　　　　　　　　(b)指令语句表

图 4-39　连接驱动指令的使用

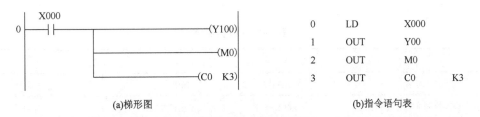

(a)梯形图　　　　　　　　　　　　　　　　(b)指令语句表

图 4-40　OUT 指令的使用

3. PLC 控制检测传送带

图 4-41 为检测传送带运送物品的位置自动贴商标装置。当产品从传送带上过来时，经过两个光电管 PC1 和 PC2，即可检测传送线上物品的位置。当信号被两个光电管 PC1 和 PC2 同时接收到时，贴商标执行机构 ST1 自动完成贴商标操作。

采用端口(I/O)分配表可以确定输入/输出与实际元件的控制关系，如表 4-3 所示。

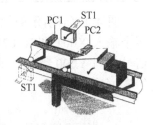

图 4-41　自动贴商标装置

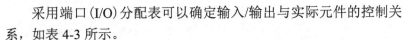

表 4-3　I/O 分配表

输入		输出	
输入设备	输入编号	输出设备	输出编号
光电定位开关 PC1	X001	贴商标执行机构 ST1	Y000
光电定位开关 PC2	X002		

图 4-42(a)所示的梯形图可解决以上问题。当信号被两个光电管 PC1 和 PC2 同时接收到，X001 和 X002 同时接通时，Y000 得电，贴商标执行机构 ST1 将商标贴到物体上，自动完成贴商标操作。图 4-42(b)为该梯形图所对应的指令语句表。

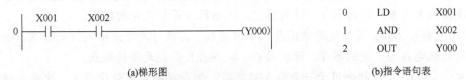

(a)梯形图　　　　　　　　　　　　　　　　(b)指令语句表

图 4-42　自动贴商标控制程序

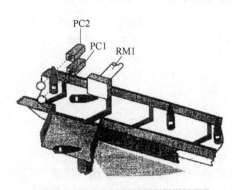

图 4-43　检测瓶子是否直立的装置

活动设计：

(1)按表 4-3 的要求对 PLC 进行接线。

(2)按图 4-42 输入 PLC 程序。

(3)运行 PLC，观察 PLC 控制贴商标执行装置的情况。

4. PLC 控制检测瓶子

图 4-43 为检测瓶子是否直立的装置。当瓶子从传送带上移过时，它被两个光电管 PC1 和 PC2 检测确定瓶子是否直立，如果瓶子不是直立的，则被推出杆 RM1 推到传送带外。其端口(I/O)分配表如表 4-4 所示。

表 4-4　I/O 分配表

输入		输出	
输入设备	输入编号	输出设备	输出编号
光电自动检测瓶底开关 PC1	X001	推出杆 RM1	Y000
光电自动检测瓶底开关 PC2	X002		

图 4-44(a)所示的梯形图可解决以上问题，两个光电管 PC1 和 PC2 检测，从而得到两个输入 X001 和 X002，如果瓶子不处于直立状态，光电管 PC2 就不能给出输入 X002 信号，则 Y000 得电，推出杆 RM1 将空瓶推出。图 4-44(b)为该梯形图所对应的指令语句表。

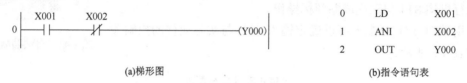

(a)梯形图　　　　　　　　　　　　　　　　(b)指令语句表

图 4-44　检测瓶子是否直立的装置控制程序

活动设计：

(1)按表 4-4 的要求对 PLC 进行接线。

(2)按图 4-44 输入 PLC 程序。

(3)运行 PLC，观察 PLC 控制检测瓶子是否直立的情况。

【知识链接】　串联连接指令(AND/ANI)

(1)与指令 AND。其功能是常开触点串联连接。其操作元件是输入继电器 X、输出继电器 Y、辅助继电器 M、定时器 T、计数器 C、状态器 S 等软元件的触点。

(2)与反指令 ANI。其功能是常闭触点串联连接。其操作元件是输入继电器 X、输出继电器 Y、辅助继电器 M、定时器 T、计数器 C、状态器 S 等软元件的触点。

注意：AND、ANI 指令用于一个触点的串联，但串联触点的数量不限。这两个指令可连续使用。若 OUT 指令之后，再通过触点对其他线圈使用 OUT 指令，称为纵接输出。在此情况下，若触点为常开应使用 AND 指令，触点为常闭应使用 ANI 指令，如图 4-45 所示。

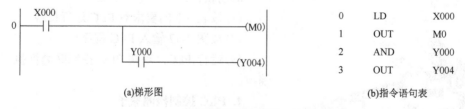

(a)梯形图　　　　　　　　　　　　　　　　(b)指令语句表

图 4-45　纵接输出

5. PLC 控制自动检票放行装置

图 4-46 为自动检票放行装置。当一辆车到达检票栏时，司机按下 PB1 按钮，接收一张停车票后，输出驱动 MTR1，栏杆升起，允许车辆进入停车场。定时器计时 10s 后，栏杆自动回到水平位置，等待下一位顾客。其端口(I/O)分配表如表 4-5 所示。

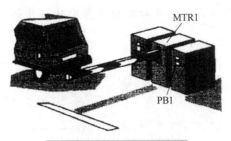

图 4-46　自动检票放行装置

表 4-5　I/O 分配表

输入		输出	
输入设备	输入编号	输出设备	输出编号
收停车票 PB1	X000	升起栏杆 MTR1	Y000

图 4-47(a)所示的梯形图可解决以上问题。当 PB1 按钮被按下后，X000 接通，使 Y000 得电，MTR1 工作升起栏杆。由于 PB1 为按钮，放手后会复位，因此必须对 Y000 进行自锁并采用 T0 进行 10s 定时，到时自动切断 Y000，使栏杆复位，等待下一位顾客。图 4-47(b)为该梯形图所对应的指令语句表。

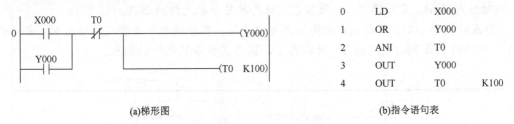

0	LD	X000
1	OR	Y000
2	ANI	T0
3	OUT	Y000
4	OUT	T0	K100

(a)梯形图　　　　　　　　　　　　　　　　　　(b)指令语句表

图 4-47　自动检票放行装置控制程序

活动设计：

(1)按表 4-5 的要求对 PLC 进行接线。

(2)按图 4-47 输入 PLC 程序。

(3)运行 PLC，观察 PLC 控制自动检票放行装置的情况。

【知识链接】　定时器(T)与并联连接(OR/ORI)

1)定时器(T)

PLC 中的定时器相当于一个通电延时时间继电器。在 PLC 内的定时器根据时钟脉冲的累积形式，当所计时间达到设定值时，其输出触点动作，时钟脉冲有 1ms、10ms、100ms 等。定时器可用用户程序存储器内的常数 K 作为设定值，也可以用数据寄存器 D 的内容作为设定值。在后一种情况下，一般使用有掉电保护功能的数据寄存器。但应注意，若备用电池电压降低，定时器或计数器往往会发生误动作。定时器通常分为以下两类。

(1)非积算型定时器。T0～T199 为 100ms 定时器，设定值为 0.1～3276.7s; T200～T245 为 10ms 定时器，设定值为 0.01～327.67s。非积算型定时器的特点是：当驱动定时器的条件满足时，定时器开始定时，时间到达设定值后，定时器动作；当驱动定时器的条件不满足时，定时器复位。若定时器定时未到达设定值，驱动定时器的条件由满足变为不满足时定时器也复位，且当条件再次满足后定时器再次从 0 开始定时，其工作情况如图 4-48 所示。

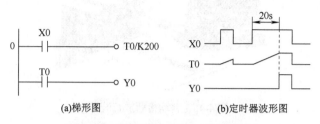

图 4-48　非积算型定时器的工作情况

(2)积算型定时器。T246～T249 为 1ms 积算定时器，设定值为 0.001～32.767s；T250～T255 为 100ms 积算定时器，设定位为 0.1～3276.7s。积算型定时器的特点是：当驱动定时器的条件满足时，定时器开始定时，时间到达设定值后，定时器动作；当驱动定时器的条件不满足时，定时器不复位，若要定时器复位，必须采用指令复位。定时器定时未到达设定值，驱动定时器的条件由满足变为不满足时，定时器的定时值保持，且当条件再次满足后定时器从刚才保持约定时值继续开始定时，其工作情况如图 4-49 所示。

2)并联连接指令(OR/ORI)

(1)或指令 OR。其功能是常开触点并联连接。其操作元件是输入继电器 X、输出继电器 Y、辅助继电器 M、定时器 T、计数器 C、状态器 S 等软元件的触点。

(2)或非指令 ORI。其功能是常闭触点并联连接。其操作元件是输入继电器 X、输出继电器 Y、辅助继电器 M、定时器 T、计数器 C、状态器 S 等软元件的触点。

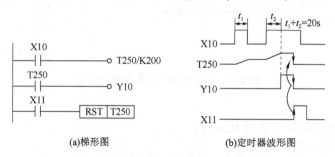

图 4-49　积算型定时器的工作情况

OR、ORI 是用于一个触点的并联连接指令，可连续使用并且不受使用次数的限制，如图 4-50 所示。

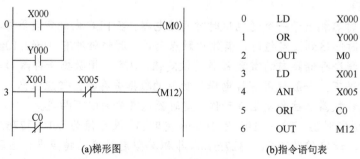

图 4-50　并联连接指令的使用

6. PLC 控制无暇手柄

对于控制系统工程师，一个常用的安全手段是使操作者必须处在一个相对任何控制设备都很安全的位置。其中最简单的方法是使操作者在远处操作，如图 4-51 所示。该安全系统被许多工程师称为“无暇手柄”，它是一个很简单但非常实用的控制方法。其端口(I/O)分配表如表 4-6 所示。

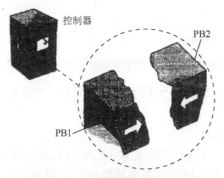

图 4-51　PLC 控制“无暇手柄”

表 4-6　I/O 分配表

输入		输出	
输入设备	输入编号	输出设备	输出编号
左手按钮 PB1	X000	预定作用	Y000
右手按钮 PB2	X001		

“柄”指初始化和操作被控机器的方法，它由两个按钮构成一个“无暇手柄”(两按钮必须同时按下)，用此方法能防止只用一手就能进行控制的情况。常把按钮放在控制板上直接相对的两端，按钮之间的距离保持在 300mm 左右。为了防止操作者误碰按钮，可以采取某种方式使一只手操作按钮，每个按钮都凹放在一个金属罩下，最后的作用是使操作者位于一个没有危险的位置。操作者的双手都在忙于控制按钮，按钮上的金属使手得到保护，而且也不容易更改对专用设施的安排。

图 4-52 为一个简单的两键控制实例，它采用串联的形式进行控制。

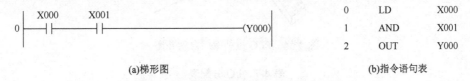

(a)梯形图

0	LD	X000
1	AND	X001
2	OUT	Y000

(b)指令语句表

图 4-52　PLC 控制“无暇手柄”程序(一)

图 4-53 所示的方法更进了一步，采用了脉冲上升沿微分指令 PLS，要求按钮同时按下，M0、M1 才能同时接通，驱动 Y000 动作。

活动设计：

(1)按表 4-6 的要求对 PLC 进行接线。

(2)按图 4-52 输入 PLC 程序。

(3)运行 PLC，观察 PLC 控制“无暇手柄”的情况。

(4)按图 4-53 输入 PLC 程序。

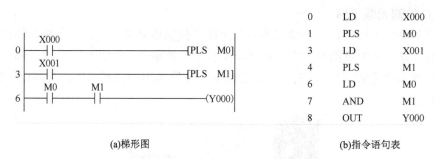

(a)梯形图　　　　　　　　　　　　　　(b)指令语句表

图 4-53　PLC 控制"无暇手柄"程序(二)

　　(5)运行 PLC,观察 PLC 控制"无暇手柄"的情况,并比较与图 4-52 所示控制方式的不同之处。

7. PLC 控制库门自动开闭

　　图 4-54 为 PLC 控制库门自动开闭的装置。在库门的上方装设一个超声波探测开关 A,当来人(车)进入超声波发射范围内时,开关便检测出超声回波,从而产生输出电信号(A=ON),由该信号启动接触器 KM1,电动机 M 正转使卷帘上升开门。在库门的下方装设一套光电开关 B,用以检测是否有物体穿过库门。光电开关由两个部件组成:一个是能连续发光的光源;另一个是能接收光束,并能将之转换成电脉冲的接收器。当行人(车)遮断了光束时,光电开关 B 便检测到这一物体,产生电脉冲,当该信号消失后,启动接触器 KM2,使电动机 M 反转,从而使卷帘开始下降关门。用两个行程开关 K1 和 K2 来检测库门的开门上限和关门下限,以停止电动机的转动。其端口(I/O)分配表如表 4-7 所示。

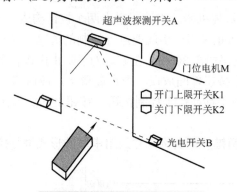

图 4-54　PLC 控制库门自动开闭

表 4-7　I/O 分配表

输入		输出	
输入设备	输入编号	输出设备	输出编号
超声波开关 A	X000	正转接触器(开门)KM1	Y000
光电开关 B	X001	反转接触器(关门)KM2	Y001
开门上限开关 K1	X002		
关门下限开关 K2	X003		

　　图 4-55(a)所示的梯形图可解决以上问题。当来人(车)进入超声波发射范围时,超声波开关 A 便检测出超声回波,从而产生输出电信号,X000 接通,使 Y000 得电,KM1 工作卷帘

门打开，碰到开门上限开关 K1 时，X002 使 Y000 断电，开门结束。当行人(车)遮断了光束，光电开关 B 便检测到这一物体，产生电脉冲，使 X001 接通，但此时不能关门，必须在此信号消失后才能关门。因此采用脉冲下降沿微分指令 PLF，保证在信号消失时启动 Y001，进行关门。而关门下限开关 K2 有信号时，X003 切断 Y001，关门结束，等待下一位顾客。图 4-55(b)为该梯形图所对应的指令语句表。

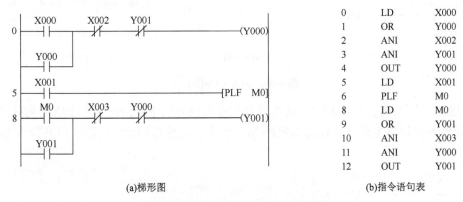

(a)梯形图　　　　　　　　　　　　　　(b)指令语句表

图 4-55　PLC 控制库门自动开闭程序

活动设计：

(1)按表 4-7 的要求对 PLC 进行接线。

(2)按图 4-55 输入 PLC 程序。

(3)运行 PLC，观察 PLC 控制仓库门自动开闭的情况。

【知识链接】　辅助继电器(M)与脉冲微分指令(PLS/PLF)

1)辅助继电器(M)

PLC 内有很多辅助继电器，其线圈与输出继电器一样，由 PLC 内各软元件的触点驱动。按照功能不同可以分为以下几类。

(1)通用型辅助继电器(M0～M499)。通用型辅助继电器相当于中间继电器，用于存储运算中间的临时数据，它没有向外的任何联系，只供内部编程使用。它的内部常开/常闭触点使用次数不受限制。但是，对外无触点，不能直接驱动外部负载，外部负载的驱动必须通过输出继电器来实现。其地址号按十进制编号。

(2)保持型辅助继电器(M500～Ml023)。PLC 在运行中若突然停电，通用型辅助继电器和输出继电器全部变为断开的状态，而保持型辅助继电器在当 PLC 停电时，依靠 PLC 后备锂电池进行供电保持停电前的状态。

(3)特殊辅助继电器(M8000～M8255)。特殊辅助继电器是 PLC 厂家提供给用户的具有特定功能的辅助继电器，通常又可分为以下两类。

① 只能利用触点的特殊辅助继电器。此类特殊辅助继电器用户只能使用其触点，由 PLC 自行驱动。例如，M8000 为运行监控特殊辅助继电器，当 PLC 运行时 M8000 始终接通；M8002 为初始脉冲特殊辅助继电器，当 PLC 在运行开始瞬间接通一个扫描周期；M8013 为产生 1s 脉冲的特殊辅助继电器。

② 可驱动线圈的特殊辅助继电器。此类特殊辅助继电器由用户驱动其线圈后，由 PLC 做特定的动作。例如，M8033 为 PLC 停止时输出保持特殊辅助继电器；M8034 为禁止输出特殊辅助继电器。

2) 脉冲微分指令（PLS/PLF）

（1）脉冲上升沿微分指令 PLS。其功能是在输入信号的上升沿产生一个周期的脉冲输出。其操作元件为输出继电器 Y、辅助继电器 M，但不能是特殊辅助继电器。PLS 指令的使用如图 4-56 所示。

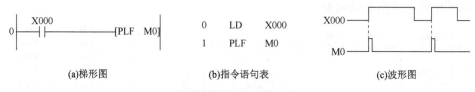

(a)梯形图　　　　　　　　(b)指令语句表　　　　　　　(c)波形图

图 4-56　PLS 指令的使用

（2）脉冲下降沿微分指令 PLF。其功能是在输入信号的下降沿产生一个周期的脉冲输出。其操作元件为输出继电器 Y、辅助继电器 M，但不能是特殊辅助继电器。PLF 指令的使用如图 4-57 所示。

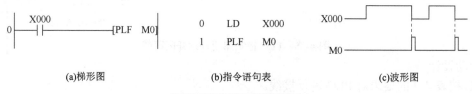

(a)梯形图　　　　　　　　(b)指令语句表　　　　　　　(c)波形图

图 4-57　PLF 指令的使用

8. 3 个灯顺序点亮的控制

该任务的控制要求如下：有 HL1、HL2、HL3 三个灯，依次按下 SB1、SB2、SB3 三个按钮后，要求 3 个灯按顺序点亮，按下停止按钮 SB4 后，所有灯熄灭。根据控制要求设定 I/O 分配表如表 4-8 所示。

表 4-8　I/O 分配表

输入		输出	
输入设备	输入编号	输出设备	输出编号
按钮 SB1	X000	灯泡 HL1	Y000
按钮 SB2	X001	灯泡 HL2	Y001
按钮 SB3	X002	灯泡 HL3	Y002
按钮 SB4	X003		

根据表 4-8 设定端口接线图如图 4-58 所示。

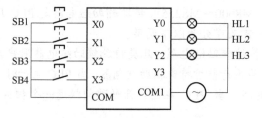

图 4-58　3 个灯顺序点亮控制的接线图

1) 采用纵接输出形式进行编程

图 4-59 为采用纵接输出形式进行编程，其中，图 4-59(a) 中的 X003 为总停止按钮，X003

断开，所有输出停止。按下 X000 按钮，启动 Y000 线圈后，Y000 常开闭合自锁，同时串联在 Y001 线圈中的常开也闭合，为 Y001 启动做准备。此时按下 X001 按钮，启动 Y001 线圈。若 Y000 线圈未得电，则 Y000 常开未闭合，即使按下 X001 按钮，Y001 线圈也无法启动，实现灯的顺序点亮控制。图 4-59（a）所对应的指令语句表如图 4-59（b）所示。

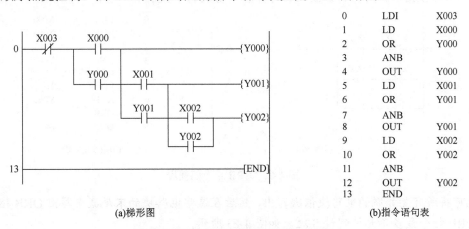

(a)梯形图　　　　　　　　　　　　　(b)指令语句表

图 4-59　3 个灯顺序点亮控制程序之一

【知识链接】　串联和并联指令(ANB、ORB)

（1）与块指令 ANB。与块指令 ANB 的功能是使电路块串联连接。各电路块的起点使用 LD 或 LDI 指令，ANB 指令无操作元件。若需要将多个电路块串联连接，则应在每个串联电路块之后使用一个 ANB 指令。用这种方法编程时串联电路块的个数没有限制，如图 4-60 所示。

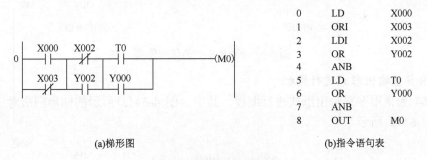

(a)梯形图　　　　　　　　　　　　　(b)指令语句表

图 4-60　ANB 指令的使用

也可将所有要串联的电路块依次写出，然后在这些电路块的末尾集中使用 ANB 指令，但此时 ANB 指令使用次数最多不允许超过 8 次，如图 4-61 所示。

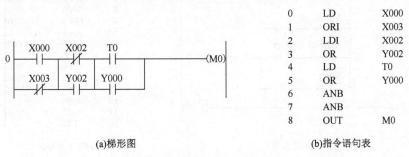

(a)梯形图　　　　　　　　　　　　　(b)指令语句表

图 4-61　ANB 指令的集中使用

（2）或块指令 ORB。或块指令 ORB 的功能是使电路块并联连接。电路块并联连接时，支路的起点以 LD 或 LDI 指令开始，ORB 指令无操作元件，因此，ORB 指令不表示触点，可以看成电路块之间的一段连接线。若需要将多个电路块并联连接，则应在每个并联电路块之后使用一个 ORB 指令。用这种方法编程时并联电路块的个数没有限制，如图 4-62 所示。

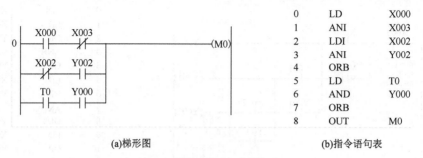

(a)梯形图　　　　　　　　　　　　(b)指令语句表

图 4-62　ORB 指令的使用

也可将所有要并联的电路块依次写出，然后在这些电路块的末尾集中写出 ORB 指令，但这时 ORB 指令最多不允许超过 8 次，如图 4-63 所示。

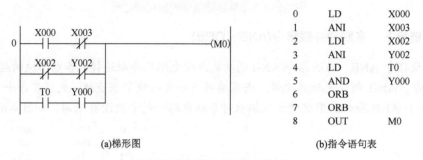

(a)梯形图　　　　　　　　　　　　(b)指令语句表

图 4-63　ORB 指令的集中使用

2）采用多重输出形式进行编程

图 4-64 为采用多重输出形式进行编程，其中，图 4-64(a) 所示的梯形图所对应的指令语句表如图 4-64(b) 所示。

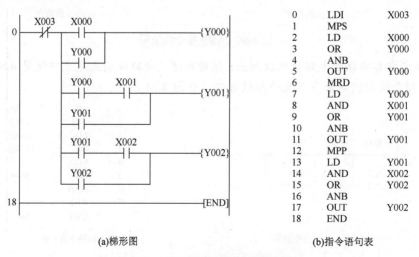

(a)梯形图　　　　　　　　　　　　(b)指令语句表

图 4-64　3 个灯顺序点亮控制程序之二

【知识链接】　多重输出指令(MPS、MRD、MPP)

FX2系列PLC提供了11个存储器给用户，用于存储中间运算结果，称为堆栈存储器。多重输出指令就是对该堆栈存储器进行操作的指令。图4-65(a)为堆栈中的原情况。

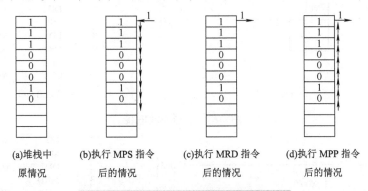

|(a)堆栈中|(b)执行MPS指令|(c)执行MRD指令|(d)执行MPP指令|
|原情况|后的情况|后的情况|后的情况|

图4-65　堆栈指令使用时数据的变化情况

(1)进栈指令MPS。进栈指令MPS的功能是将该时刻的运算结果压入堆栈存储器的最上层，堆栈存储器原来存储的数据依次向下自动移一层。也就是说，使用MPS指令送入堆栈的数据始终在堆栈存储器的最上层，如图4-65(b)所示。

(2)读栈指令MRD。读栈指令MRD的功能是将堆栈存储器中最上层的数据读出。执行MRD指令后，堆栈存储器中的数据不发生任何变化，如图4-65(c)所示。

(3)出栈指令MPP。出栈指令MPP的功能是将堆栈存储器中最上层的数据取出，堆栈存储器原来存储的数据依次向上自动移一层，如图4-65(d)所示。

由于MPS、MRD、MPP三条指令只对堆栈存储器的数据进行操作，因此默认操作元件为堆栈存储器，在使用时无须指定操作元件。使用时，MPS、MPP指令必须成对使用，MRD指令可根据实际情况决定是否使用。在MPS、MRD、MPP三条指令之后若有单个常开触点(或常闭触点)串联，应使用AND(或ANI)指令，如图4-66所示。

0	LD	X000
1	MPS	
2	ANI	X002
3	OUT	Y003
4	MRD	
5	AND	X007
6	OUT	Y002
7	MPP	
8	AND	Y010
9	OUT	Y007

(a)梯形图　　　　　　　　　(b)指令语句表

图4-66　有单个常开触点(或常闭触点)串联

若指令后有触点组成的电路块串联应使用ANB指令，如图4-67所示。

若指令后无触点串联而直接驱动线圈，应使用OUT指令，如图4-68所示。

此外，当使用MPS指令进栈后，未使用MPP指令出栈，而再次使用MPS指令进栈的形式称为嵌套，由于堆栈存储器只有11层，即只能连续存储11个数据，因此MPS指令的连续使用不得超过11次。堆栈嵌套形式的使用如图4-69所示。

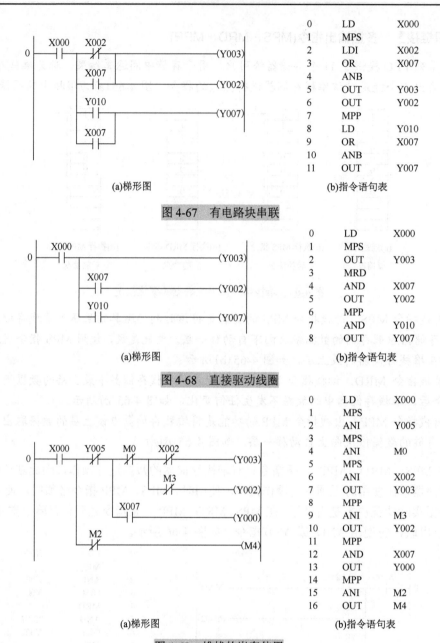

(a)梯形图   (b)指令语句表

图 4-67　有电路块串联

(a)梯形图   (b)指令语句表

图 4-68　直接驱动线圈

(a)梯形图   (b)指令语句表

图 4-69　堆栈的嵌套使用

3) 采用主控形式进行编程

图 4-70 为采用主控形式进行编程,多重输出与主控形式可进行转换,由此可得到如图 4-70(a) 所示的梯形图,其对应的指令语句表如图 4-70(b)所示。

4) 活动设计

(1)按图 4-58 对 PLC 进行接线。

(2)按图 4-59 输入 PLC 程序。

(3)运行 PLC,观察 PLC 控制 3 个灯顺序点亮的情况。

(4)按图 4-64 输入 PLC 程序。

(5)运行 PLC,观察 PLC 控制 3 个灯顺序点亮的情况。

（6）按图 4-70 输入 PLC 程序。

（7）运行 PLC，观察 PLC 控制 3 个灯顺序点亮的情况。

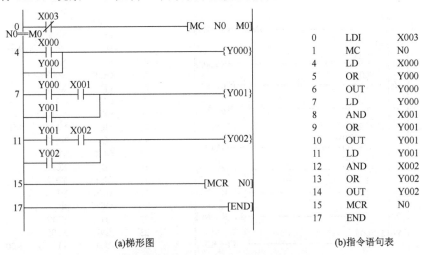

(a)梯形图   (b)指令语句表

图 4-70　3 个灯顺序点亮程序之三

【知识链接】　其他基本指令与计数器

1）主控与主控复位指令（MC/MCR）

（1）主控指令 MC。主控指令 MC 的功能是通过 MC 指令操作元件的常开触点将左母线移位，产生一根临时的左母线，形成主控电路块。其操作元件分为两部分：一部分是主控标志 N0～N7，一定要从小到大使用；另一部分是具体的操作元件，可以是输出继电器 Y、辅助继电器 M，但不能是特殊辅助继电器。

（2）主控复位指令 MCR。主控复位指令 MCR 的功能是使主控指令产生的零时左母线复位，即左母线返回，结束主控电路块。MCR 指令的操作元件为主控标志 N0～N7，且必须与主控指令一致，返回时一定是从大到小使用。

主控指令相当于条件分支，符合主控条件的可执行主控指令后的程序，否则不予执行，直接跳过 MC 和 MCR 程序段，执行 MCR 后面的指令。MCR 指令必须与 MC 指令成对使用。

MC/MCR 指令的使用如图 4-71 所示。

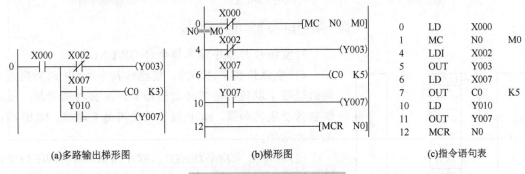

(a)多路输出梯形图   (b)梯形图   (c)指令语句表

图 4-71　MC/MCR 指令的使用

MC 与 MCR 指令也可进行嵌套使用，即 MC 指令后未使用 MCR 指令而再次使用 MC 指令，此时主控标志 N0～N7 必须按顺序增加，当使用 MCR 指令返回时，主控标志 N7～N0

必须按顺序减小，如图 4-72 所示。但由于主控标志范围为 N0～N7，所以主控嵌套使用不得超过 8 层。

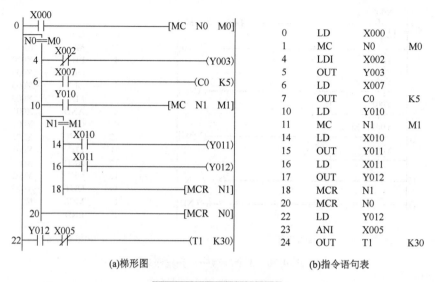

(a)梯形图

0	LD	X000	
1	MC	N0	M0
4	LDI	X002	
5	OUT	Y003	
6	LD	X007	
7	OUT	C0	K5
10	LD	Y010	
11	MC	N1	M1
14	LD	X010	
15	OUT	Y011	
16	LD	X011	
17	OUT	Y012	
18	MCR	N1	
20	MCR	N0	
22	LD	Y012	
23	ANI	X005	
24	OUT	T1	K30

(b)指令语句表

图 4-72　主控的嵌套使用

2) 置位与复位指令(SET/RST)

(1) 置位指令 SET。置位指令 SET 的功能是使被操作的元件接通并保持。其操作元件为输出继电器 Y、辅助继电器 M、状态元件 S。

(2) 复位指令 RST。复位指令 RST 的功能是使被操作的元件断开并保持。其操作元件为输出继电器 Y、辅助继电器 M、定时器 T、计数器 C、状态元件 S、数据寄存器 D、变址寄存器 V 和 Z。

SET 与 RST 指令的使用如图 4-73 所示。

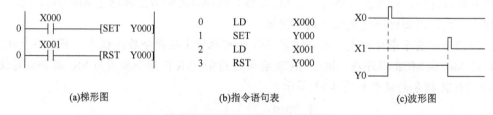

(a)梯形图

0	LD	X000
1	SET	Y000
2	LD	X001
3	RST	Y000

(b)指令语句表

(c)波形图

图 4-73　SET 与 RST 指令的使用

3) 空操作与程序结束指令(NOP/END)

(1) 空操作指令(NOP)。空操作指令 NOP 的功能是在调试过程中取代一些不必要的指令，延长扫描周期。随着编程器功能的加强，NOP 指令的使用越来越少。NOP 指令无操作元件。

(2) 程序结束指令(END)。程序结束指令 END 的功能是程序执行到 END 指令结束，对于 END 指令以后的程序不予执行，如图 4-74 所示。该指令无操作元件。

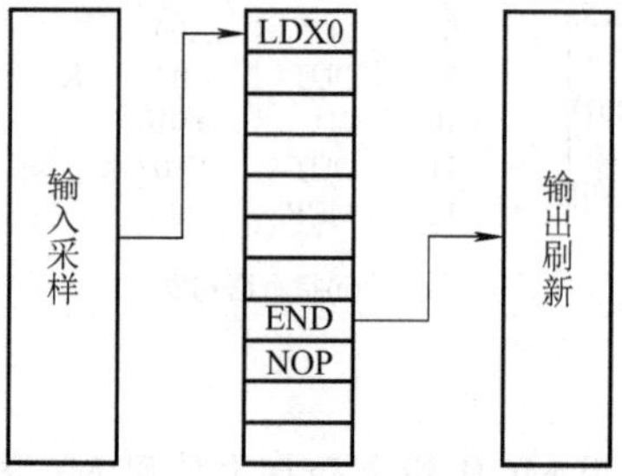

图 4-74　程序执行到 END 指令的情况

在程序结束处写上 END 指令，PLC 只执行第一步至 END 指令之间的程序，并立即输出处理。若不写 END 指令，PLC将从用户存储器的第一步执行到最后一步。因此，使用END指令可缩短扫描周期。另外，在调试程序时，可以将END指令插在各程序段之后，分段检查各程序段的动作，确认无误后，再依次删去插入的END指令。

4)计数器(C)

计数器按十进制编号，可用用户程序存储器内的常数K作为设定值，也可以用数据寄存器(D)的内容作为设定值。在后一种情况下，一般使用有掉电保护功能的数据寄存器。但应注意，当备用电池的电压降低时，定时器或计数器往往会发生误动作。FX2N系列PLC的内部信号计数器分为以下两类。

(1)16位递增计数器。它是16位二进制加法计数器，其设定位在K1~K32767范围内有效。注意：设定值K0与K1含义相同，即在第一次计数时，其输出触点就动作。C0~C99为通用计数器；C100~C199为保持用计数器，即使发生停电，当前值与输出触点的动作状态或复位状态也能保持。

(2)32位双向计数器。它是可设定计数为增或减的计数器，其中C200~C219为通用型32位计数器；C220~C234为保持型32位计数器。计数范围均为-2147483648~+2147483647。计数方向由特殊辅助继电器M8200~M8234与计数器一一对应进行设定。当对应的特殊辅助继电器置1(接通)时为减计数，置0(断开)时为增计数。

注意：内部信号计数器只对内部元件的信号进行计数。

任务3　三菱FX2N系列PLC编程软件的使用

FXGP/WIN-C编程软件是三菱公司FX系列PLC的编程软件。安装完毕后可在开始菜单或桌面上找到其启动图标，双击该图标可进入软件的编程界面。

1. 建立新文件并输入指令语句

1)建立一个新文件

(1)选择"文件"→"新文件"建立一个新文件，如图4-75所示。

(2)选择使用的PLC的类型，单击"确认"按钮，如图4-76所示。

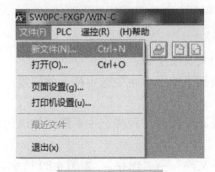

图4-75　建立新文件

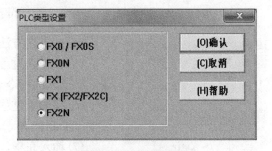

图4-76　选择PLC类型

2)输入指令语句

(1)选择"视图"→"指令表"，如图4-77所示。

(2)在打开的指令表中直接用键盘键入指令，指令与元件之间用空格分开，如图4-78所示。

图 4-77　视图菜单

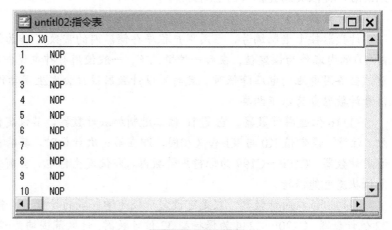

图 4-78　输入指令

(3)输入完一条指令后按 Enter 键确认，如图 4-79 所示。

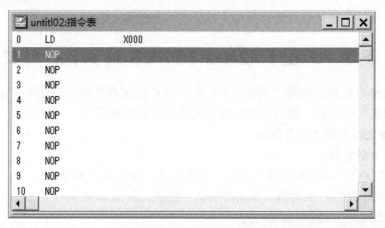

图 4-79　确认指令

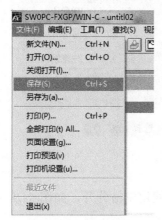

图 4-80　文件保存

(4)按上述方法依次输入其余指令。

(5)在输入过程中若要插入指令，可先选中插入的位置，然后输入要插入的指令。

(6)在输入过程中若要删除指令，可先选中要删除的语句，然后按下 Delete 键。

(7)输入完毕，选择"文件"→"保存"，如图 4-80 所示。

(8)在打开的对话框中输入文件名，确定保存位置和文件类型后，单击"确定"按钮，如图 4-81 所示。

2. 输入梯形图并传送程序

1)输入梯形图

(1)选择"视图"→"梯形图"，与图 4-77 类似。

(2)利用浮动工具栏选择要输入的器件，如图 4-82 所示。

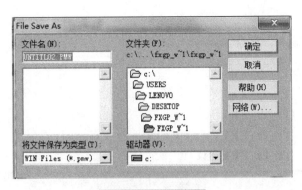

图 4-81　输入文件名

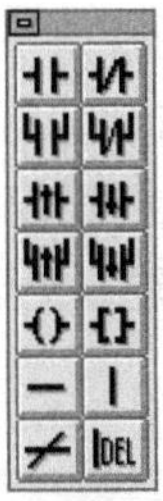

图 4-82　浮动工具栏

(3)用键盘输入元件，如图 4-83 所示。

图 4-83　输入元件界面

(4)输入完一条指令后，按 Enter 键确认。

(5)按上述方法画出其余梯形图。

(6)按转换按钮进行转换。

(7)输入完毕，选择"文件"→"保存"。

(8)确定保存信息后，单击"确定"按钮即可。

2)传送程序

当指令语句表或梯形图输入完毕后，可将程序传送给 PLC，其传送方法如下。

(1)选择"PLC"→"传送"→"写出"，如图 4-84 所示。

(2)选择"所有范围"，单击"确认"按钮，如图 4-85 所示。

(3)程序自动进行传送并进行核对。

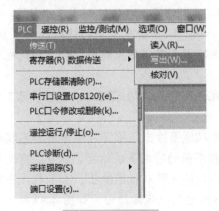

图 4-84　PLC 菜单

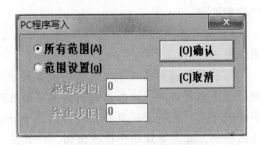

图 4-85　PLC 程序写入选择

3. 活动设计

(1)用指令语句表的方式将程序输入、存盘。

(2)用梯形图的方式将程序输入、转换、存盘。

(3)将输入好的程序传送至 PLC。

4. 考核建议

考核建议见表4-9。

表4-9　考核建议

职业技能考核		职业素养考核
要求1	使用手持式编程器输入程序	安全文明操作
教师评价		
要求2	使用编程软件输入程序并进行调试	
教师评价		

【知识拓展】

(1)梯形图中的每一个逻辑行必须从左母线开始,到右母线终止。左母线只能接各类继电器的触点,不能与继电器线圈直接连接。右母线只能接各类继电器的线圈(输入继电器除外),不能与继电器触点直接相连接,右母线可不画出。

图 4-86(a)为错误的梯形图,而图 4-86(b)和(c)为正确的梯形图。其中,图 4-86(a)的错误有两个:一个是 X1 触点直接与右母线相连接;另一个是 M0 线圈直接与左母线相连接。

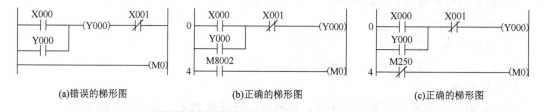

(a)错误的梯形图　　　　　(b)正确的梯形图　　　　　(c)正确的梯形图

图 4-86　错误梯形图与正确梯形图比较之一

如果要求 PLC 开机后,M0 线圈立即得电,可通过特殊辅助继电器 M8000 的常开触点接左母线。当 PLC 开机后,M8000 的线圈一直得电,其常开触点一直闭合,M0 被驱动,如图 4-86(b)所示,这样既可满足梯形图的编程规则,又可满足 M0 的控制要求。当然,也可通过一个程序中没有用到的辅助继电器的常闭触点,如图 4-86(c)中采用的辅助继电器 M250 的常闭触点。由于该辅助继电器线圈在程序中不出现,则其常闭触点始终闭合,因此也可实现控制要求。

(2)梯形图中的每个元器件必须在所选 PLC 软元件列表规定的范围内,一般情况下双线圈输出不可用。

同一编号线圈在程序中出现两次或两次以上称为双线圈输出。除了在用步进梯形指令控制的程序中允许同一继电器线圈被不同的 STL 触点在不同的时刻多次输出,以及在有跳转指令的程序里,也可出现双线圈输出,其余情况下,不允许使用双线圈输出。如果程序出现双线圈输出,容易导致程序执行出错,一般应改变梯形图避免双线圈输出,如图 4-87 所示。但应注意:同一编号的继电器触点是可多次使用的,不受使用次数限制。

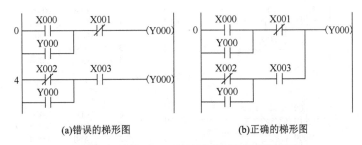

(a)错误的梯形图　　　　　　　　(b)正确的梯形图

图 4-87　错误梯形图与正确梯形图比较之二

(3)梯形图中所有触点应按从上到下，从左到右顺序编程，触点只允许水平放置(主控触点除外)，如图 4-88 所示。

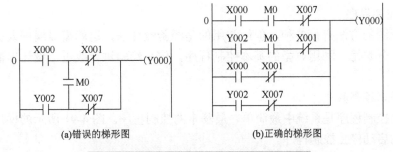

(a)错误的梯形图　　　　　　　　(b)正确的梯形图

图 4-88　错误梯形图与正确梯形图比较之三

(4)在每个逻辑行中，串联触点最多的电路块应放在最上方，这样可以节省一条 ORB 指令，如图 4-89 所示。

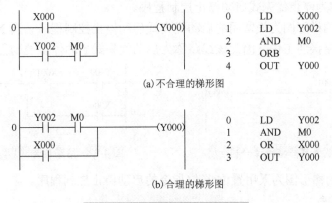

图 4-89　串联触点最多的电路块

并联触点最多的电路块应放在最左方，这样可以节省一条 ANB 指令，如图 4-90 所示。

(5)在梯形图中，只有输入继电器的触点，没有输入继电器的线圈；同时梯形图中只允许出现相应输出继电器的线圈，不允许出现 PLC 的负载。

(6)一段完整的梯形图必须以 END 指令结束。

以上介绍的是 PLC 梯形图编程规则，在编写程序时应注意 PLC 是以扫描方式工作的，即梯形图程序执行时是按从上到下、从左到右的顺序进行扫描处理的。这与继电器-接触器控制电路不同，不存在几条并行支路同时执行的情况，是串行的工作方式。

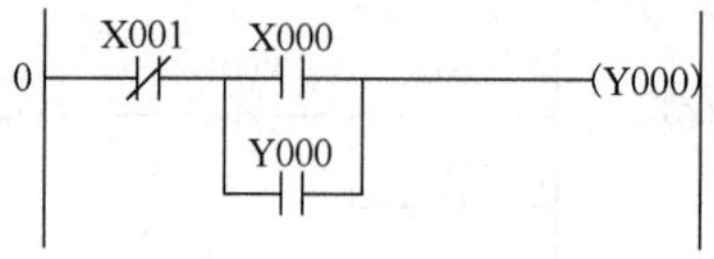

```
0  ─┤/├──┬─┤ ├──────────(Y000)      0    LDI    X001
    X001 │  X000                     1    LD     X000
         ├─┤ ├──┤                    2    OR     Y000
           Y000                      3    ANB
                                     4    OUT    Y000
```

(a) 不合理的梯形图

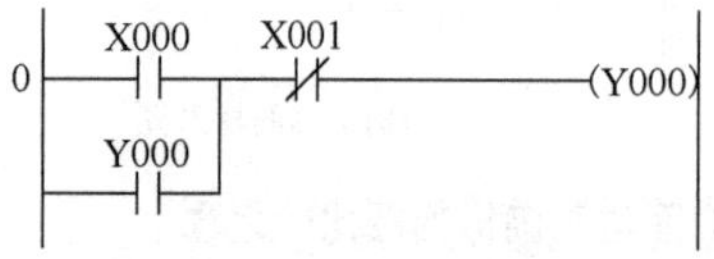

```
0  ─┤ ├──┬──┤/├──────────(Y000)      0    LD     X000
    X000 │  X001                     1    OR     Y000
         ├─┤ ├──┤                    2    ANI    X000
           Y000                      3    OUT    Y000
```

(b) 合理的梯形图

图 4-90　并联触点最多的电路块

5. 基本控制程序

设计梯形图的方法有很多种，但最常用的是经验设计法，这就需要编程人员对典型的基本控制程序十分熟悉，利用典型的基本控制程序，依靠经验进行改进，设计出需要的梯形图程序。

1) 启动停止控制程序

启动停止控制程序是系统中最简单、最基本的控制程序。图 4-91 所示的梯形图为最常用的停止优先式启动停止控制程序。

当外部信号使 X000 得电时，X000 常开闭合，Y000 线圈得电，同时，Y000 常开触点闭合自锁；当外部信号使 X001 得电时，X001 常闭断开，Y000 线圈失电的同时自锁触点复位。所以 X000 为启动信号，X001 为停止信号。当 X000 与 X001 同时得电时，Y000 线圈无法接通，因此该线路称为停止优先式启动停止控制程序。

图 4-92 所示的梯形图为最常用的启动优先式启动停止控制程序。当 X000 与 X001 同时得电时，Y000 线圈接通工作，因此该线路称为启动优先式启动停止控制程序。

```
0  ─┤ ├──┬──┤/├──────────(Y000)          0  ─┬─┤ ├──┤/├──────────(Y000)
    X000 │  X001                             │  Y000 X001
         ├─┤ ├──┤                            ├─┤ ├──┤
           Y000                                X000
```

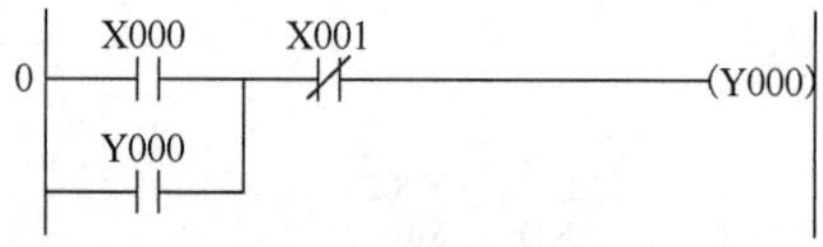

图 4-91　停止优先式启动停止控制程序 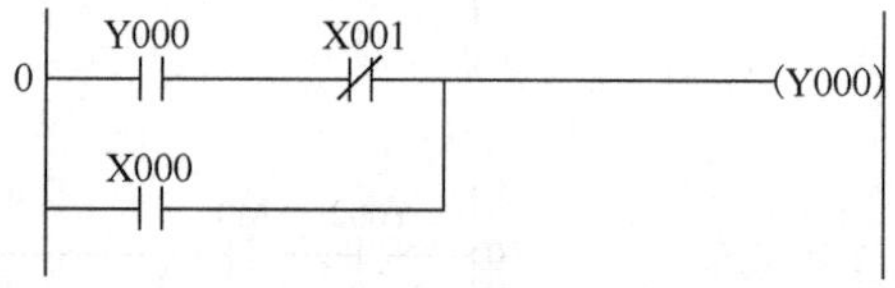　　　图 4-92　启动优先式启动停止控制程序

图 4-93 所示的梯形图为采用置位/复位指令的启动停止控制程序。

2) 联锁控制程序

图 4-94 所示为不能同时发生的联锁控制程序，是典型的电动机正反转控制程序。

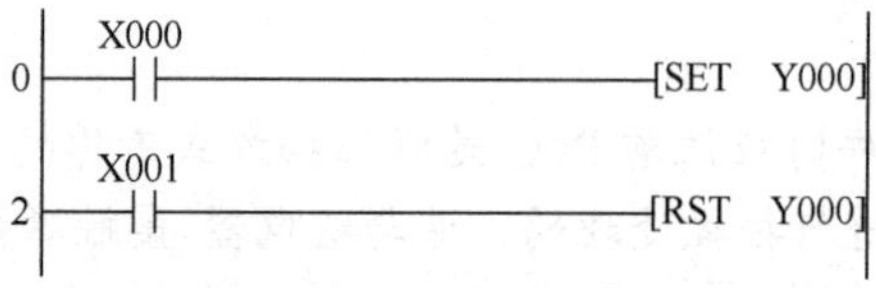

```
0  ─┤ ├──────────────[SET  Y000]
    X000

2  ─┤ ├──────────────[RST  Y000]
    X001
```

图 4-93　置位/复位指令的启动停止控制程序

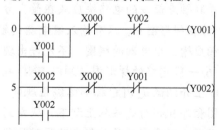

图 4-94　不能同时发生的联锁控制程序

图 4-95 所示为互为发生条件的联锁控制程序。其中，Y010 接通是 Y011 接通的条件，只有 Y010 常开触点接通后，Y011 线圈才有可能通电，否则即便 X012 接通，Y011 也无法接通。

3）时间控制程序

图 4-96 所示为延时通电控制程序。当 X000 接通时，定时器 T0 开始定时，经过 5s 的延时，T0 常开触点闭合，Y000 线圈得电。

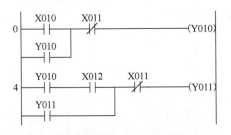

图 4-95　互为发生条件的联锁控制程序

图 4-96　延时通电控制程序

图 4-97 所示为延时断电控制程序。当 X000 接通时，Y000 得电接通，但 T0 无法接通；当 X000 断开后，定时器 T0 开始定时，经过 5s 的延时，T0 常闭触点断开，Y000 线圈失电。

图 4-98 所示为利用时间继电器实现的振荡控制线路程序。当 PLC 运行后，定时器 T4 得电，延时 2s 后，T4 常开闭合，Y000 得电，同时定时器 T1 得电，延时 3s 后，T1 常闭断开，T4 失电，Y000 失电，T4 常开复位，T1 失电，T1 常闭复位，定时器 T4 再次得电，重复以上过程。

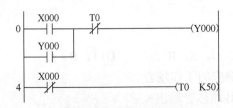

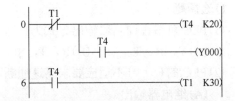

图 4-97　延时断电控制程序

图 4-98　利用时间继电器实现的振荡控制线路程序

4）常闭触点输入问题

以上所讨论的基本程序无论启动、停止，外部均采用常开触点作为输入信号。如果输入采用常闭触点输入，则梯形图的情况有所不同。这时由于输入设备采用常开触点时，并不直接参与 PLC 内部程序电路的运算，而是通过 PLC 内部输入继电器的触点参与 PLC 内部程序电路的运算；如果采用常闭触点，将会直接参与 PLC 内部程序电路的运算。这时如果采用常闭触点进行输入，当外部开关(按钮)未动作时，输入继电器已接通，内部输入继电器的常开和常闭触点的状态正好颠倒，编程当中必须予以考虑，即外部采用常闭触点输入时，内部编程的常闭触点应采用常开触点，如图 4-99 所示。

由以上分析可知，没有外部接线图的梯形图是没有意义的，但通常默认没有外部接线图的梯形图的各输入器件均采用常开触点进行输入。而在实际使用中，为了与继电器-接触器控制线路的习惯一致，人们在 PLC 的输入端尽可能采用常开触点进行输入。

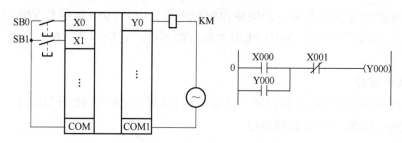

(a)常开输入的外部接线图与梯形图

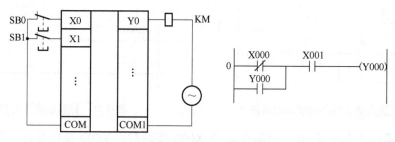

(b)常闭输入的外部接线图与梯形图

图 4-99　启动停止接线图和程序

项目(二)　传送带 PLC 控制回路的安装与调试

引导文

1)选择题

(1)PLC 可编程控制器输出方式为(　　)。

　　(A)Y，R，T　　　　(B)R，T，S　　　　(C)M，S，R　　　　(D)T，R，C

(2)PLC 的(　　)不适应要求高速通断、快速响应的工作场合。

　　(A)继电器输出　　　　　　　　　(B)晶体管输出

　　(C)单结晶体管输出　　　　　　　(D)二极管输出

(3)PLC 的(　　)输出是无触点输出，用于控制交流负载。

　　(A)继电器输出　　　　　　　　　(B)晶体管输出

　　(C)单结晶体管输出　　　　　　　(D)二极管输出

(4)PLC 的(　　)输出是无触点输出，用于控制直流负载。

　　(A)继电器输出　　　　　　　　　(B)晶体管输出

　　(C)单结晶体管输出　　　　　　　(D)二极管输出

2)判断题

(1)FX2H-32MR 型 PLC 的输出形式是继电器触点输出。(　　)

(2)确定 I/O 分配表是 PLC 编程的一个重要环节，一个没有 I/O 分配表的程序是毫无意义的。(　　)

(3)I/O 分配表并不是唯一的，可根据需要自行确定。(　　)

3）编程题

用 PLC 控制钻孔动力头。某一冷加工自动线有一个钻孔动力头，该动力头的加工过程如图 4-100 所示。试编写一段程序实现以下控制要求：

（1）动力头在原位，并加以启动信号，这时接通电磁阀 YV1，动力头快进。

（2）动力头碰到限位开关 SQ1 后，接通电磁阀 YV1 和 YV2，动力头由快进转为工进，同时动力头电动机转动（由 KM1 控制）。

（3）动力头碰到限位开关 SQ2 后，开始延时 3s。

（4）延时时间到，接通电磁阀 YV3，动力头快退。

（5）动力头回到原位即停止。

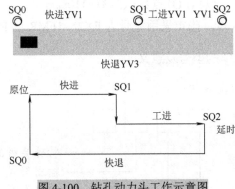

图 4-100　钻孔动力头工作示意图

任务 1　选择 PLC 型号与外部接线

传输带电动机运行系统如图 4-101 所示。其控制要求如下：某车间运料传输带分为 3 段，由 3 台电动机分别驱动。它能使载有物品的传输带运行，未载物品的传输带停止运行，并保证物品在整个运输过程中连续地从上段运行到下段，所以它既不能使下段电动机启动太早，又不能使上段电动机停止太迟。

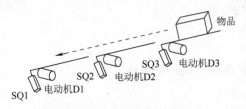

图 4-101　传输带电动机运行系统

其工作流程如下。

（1）按启动按钮 SB1，电动机 D3 开始运行并保持连续工作，被运送的物品前进。

（2）物品被限位开关 SQ3 检测到，启动电动机 D2 运载物品前进。

（3）物品被限位开关 SQ2 检测到，启动电动机 D1 运载物品前进，延时 2s，停止电动机 D2。

（4）物品被限位开关 SQ1 检测到，延时 2s，停止电动机 D1。

（5）上述过程不断进行，直到按下停止按钮 SB2，电动机 D3 立刻停止。

1. 确定 PLC 机型

根据以上要求实现传送带的 PLC 控制，首先要根据控制对象和范围确定机型。通常，选择机型时要留出 10%～15% 的 I/O 余量和 25% 的内存余量供今后扩展改进电路使用。

(1) 确定输入/输出 (I/O) 点数：

$$输入/输出(I/O)点数 = (开关量输入点数 + 开关量输出点数) \times 110\%$$

(2) 确定输入/输出 (I/O) 容量：

$$输入/输出(I/O)容量 = (开关量输入点数 + 开关量输出点数) \times 10 \times 125\%$$

(3) 确定 PLC 机型。根据以上要求，输入量有启动按钮、停止按钮和 3 个传感器共 5 个输入信号，输出量为 3 个传送带电动机共 3 个输出信号。

$$总(I/O)点数 = (5+3) \times 110\% = 8.8$$

取输入/输出总点数为 9 点，确定采用型号为 FX2N-16MR 的 PLC。

【知识链接】 三菱 PLC 的型号及意义

三菱 PLC 的型号编制方法如下：

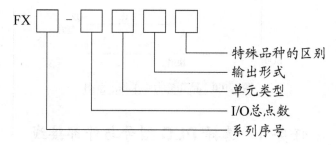

下面对三菱 PLC 的型号做详细说明。

1) 系列序号

0、2、0N、2C、2N，即 FX0、FX2、FX0N、FX2C、FX2N。

2) I/O 总点数

I/O 总点数为 16～256 点。

3) 单元类型

M —— 基本单元。

E —— 输入/输出混合扩展单元及扩展模块。

EX —— 输入专用扩展模块。

EY —— 输出专用扩展模块。

4) 输出形式

R —— 继电器输出。

T —— 晶体管输出。

S —— 晶闸管输出。

5) 特殊品种区别

D —— DC 电源，DC 输入。

A1 —— AC 电源，AC 输入。

H——大电流输出扩展模块(1A／1 点)。

V——立式端子排的扩展模块。

C——接插口输入/输出方式。

F——输入滤波器 1ms 的扩展模块。

L——TTL 输入型扩展模块。

S——独立端子(无公共端)扩展模块。

2. 确定 I/O 分配表

在编写程序过程中，PLC 程序中只有软元件，而实际的输入如按钮、传感器、开关等是不能在程序中出现的。同理，输出的接触器、指示灯、电磁阀等驱动元件也不会在程序中出现。

因此，人们采用端口(I/O)分配表来确立输入、输出与实际元件的对应控制关系。

注意：确定 I/O 分配表是 PLC 编程的一个重要环节，一个没有 I/O 分配表的程序是毫无意义的(I/O 分配表并不是唯一的，可根据需要自行确定)。

根据本任务中的控制要求，确定传送带的 PLC 控制 I/O 分配表如表 4-10 所示。

表 4-10 I/O 分配表

输入		输出	
输入设备	输入编号	输出设备	输出编号
启动按钮 SB1	X000	电动机 D3	Y000
停止按钮 SB2	X001	电动机 D2	Y001
SQ3 限位开关	X002	电动机 D1	Y002
SQ2 限位开关	X003		
SQ1 限位开关	X004		

3. 外部接线

根据(I/O)分配表，确定外部接线图如图 4-102 所示。

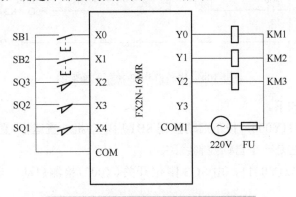

图 4-102 传送带的 PLC 控制外部接线图

注意：通常，继电器输出的 PLC 带电阻负载时电流只允许为 2A，最大不得超过 5A，这样它才能直接驱动电动机。所以，需要通过驱动接触器 KM1～KM3，再由 KM1～KM3 的主触点去控制电动机 D1～D3 的运行。

根据确定的外部接线图，可在线路板上完成接线，线路板形式如图 4-103 所示。

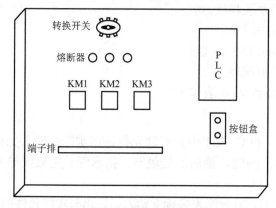

图 4-103　安装线路板外形图

任务 2　传送带的 PLC 控制回路程序设计

根据控制要求画出梯形图，如图 4-104 所示。

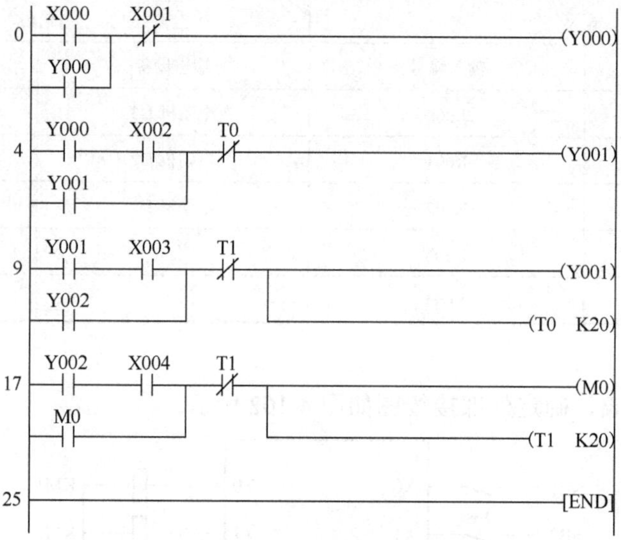

图 4-104　传送带 PLC 控制的梯形图

梯形图控制分析如下。

（1）对于电动机 D3（Y000），按下启动按钮 SB1 后电动机一直运行，直至按下停止按钮 SB2 后停止运行，因此，它是一个自锁控制线路。

（2）对于电动机 D2（Y001），由 SQ3 限位开关（X002）检测启动，电动机 D1 启动 2s 后停止。

（3）对于电动机 D1（Y002），由 SQ2 限位开关（X003）检测启动，当物品被 1 号传感器（X004）检测到，延时 2s 后，停止电动机 D1（Y002）。但 SQ1 限位开关（X004）检测到物品后，物品继续前进，SQ1 限位开关（X004）不会长期接通，因此，程序中采用辅助继电器 M0 来记忆 X004

被接通，延时 2s 后，停止电动机 D1（Y002）与辅助继电器 M0。

（4）同时，D3 是 D2 的发生条件，D2 是 D1 的发生条件，即体现为一个顺序控制。

图 4-104 对应的指令语句表如图 4-105 所示。

0	LD	X000	11	OR	Y002	
1	OR	Y000	12	ANI	T1	
2	ANI	X001	13	OUT	Y002	
3	OUT	Y000	14	OUT	T0	K20
4	LD	Y000	17	LD	Y002	
5	AND	X002	18	AND	X004	
6	OR	Y001	19	OR	M0	
7	ANI	T0	20	ANI	T1	
8	OUT	Y001	21	OUT	M0	
9	LD	Y001	22	OUT	T1	K20
10	AND	X003	25	END		

图 4-105 传送带 PLC 控制的指令语句表

1）注意

由于 PLC 控制的梯形图（指令语句表）并不是唯一的，所以这里只是提供一个参考程序。完成程序设计后，按照项目（一）中介绍的方法采用简易编程器或计算机输入程序。先进行模拟调试，再进行现场联机调试；先进行局部、分段调试，再进行整体、系统调试。

2）活动设计

PLC 控制的运料小车如图 4-106 所示，S01 用来开启运料小车，S02 用来停止运料小车。按 S01，小车在 1 号仓停留（装料）10s 后，第一次由 1 号仓送料到 2 号仓碰限位开关 ST2 后，停留 5s（卸料），然后空车返回 1 号仓碰限位开关 ST1 停留 10s（装料）。小车第二次由 1 号仓送料到 3 号仓，经过限位开关 ST2 不停留，继续向前，当到达 3 号仓碰限位开关 ST3 停留 8s（卸料），空车返回到 1 号仓碰限位开关 ST1 停留 10s（装料）；然后重新工作。按下 S02，小车在任意状态立即停止工作。

（1）根据控制要求选择 PLC 的型号。

（2）确定 I/O 分配表。

（3）画出控制接线图，并按图进行外部接线。

（4）画出设计的梯形图，并进行程序输入与调试。

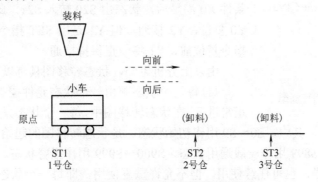

图 4-106 PLC 控制运料小车示意图

3)考核建议(表 4-11)

表 4-11　考核建议

职业技能考核		职业素养考核
要求 1	按要求对 PLC 进行选型	
教师评价		
要求 2	确定 I/O 分配表，并进行外部接线	安全文明操作
教师评价		
要求 3	编程并进行调试	
教师评价		

【知识拓展】　FX2 系列 PLC 步进顺控指令编程

FX2 系列 PLC 除了 20 条基本指令外，还有 2 条步进顺控指令，应用于步进顺控编程中。步进顺控编程是 FX2 系列 PLC 顺序控制编程常用的一种编程方式，具有方法简单、规律性强、易于掌握、调试和修改程序方便等优点。

1)状态转移图

在顺序控制中，生产过程是按顺序、有步骤地一个阶段一个阶段连续工作的。即每一个控制程序均可分为若干个阶段，这些阶段称为状态。在顺序控制的每一个状态中都有完成该状态控制任务的驱动元件和转入下一个状态的条件。当顺序控制执行到某一个状态时，该状态对应的控制元件被驱动，控制输出执行机构完成相应的控制任务，当向下一个状态转移的条件满足时，进入下一个状态，驱动下一个状态对应的控制元件，同时原状态自动切除，原驱动的元件复位。画出的图形称为状态转移图或状态流程图。

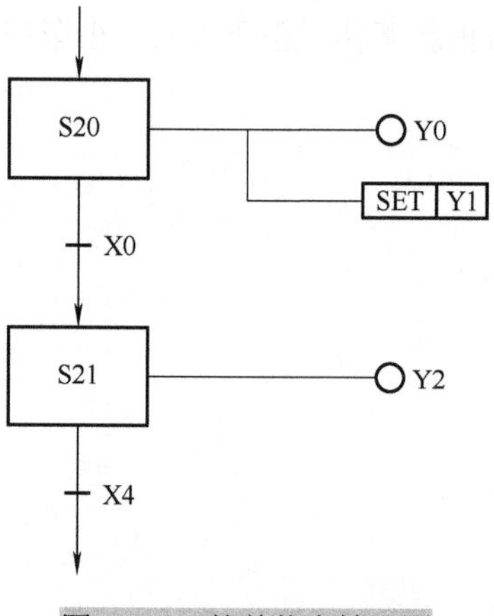

图 4-107 是一个简单的状态转移图。其中，状态元件用方框表示，状态元件之间用有箭头的线段连接(表示状态转移的方向)。垂直于状态转移方向的短线表示状态转移的条件，而状态元件方框右边连出的部分表示该状态下驱动的元件。图中，当状态元件 S20 有效时输出的 Y0 与 Y1 被驱动。当转移条件 X0 满足后，状态由 S20 转入 S21，此时 S20 自动切除，Y0 复位，Y2 接通，但 Y1 是用 SET 指令置位的，未用 RST 指令复位前，Y1 将一直保持接通。

由以上分析可知，状态转移图具有以下特点。

(1)每一个状态都由一个状态元件控制，以确保状态控制正常进行。在状态转移图中，每一个状态采用状态元件 S(S0～S999)进行标定识别。其中，S0～S9 用作初始状态，是状态转移图的起始状态，S10～S19 用作回零状态，S20～S899 用作一般通用状态，S900～S999 用作报警状态。使用时，可按编号顺序使用状态继电器，也可任意使用，但不允许重复使用，即每一个状态都是由唯一的一个状态元件控制的。

图 4-107　简单状态转移图

（2）每一个状态都具有驱动元件的能力，能使该状态下要驱动的元件正常工作。当然，不一定每个状态下一定要驱动元件，应视具体情况而定。

（3）每一个状态在转移条件满足时都会转移到下一个状态，而原状态自动切除。

一般情况下，一个完整的状态转移图包括：该状态的控制元件（S×××）、该状态的驱动元件（Y、M、T、C）、该状态向下一个状态转移的条件以及转移方向。

2) 步进顺控指令

FX2 系列 PLC 有 2 条步进顺控指令。

（1）步进接点指令 STL。

步进接点指令 STL 的功能是从左母线连接步进接点。STL 指令的操作元件为状态元件 S。

步进接点只有常开触点，没有常闭触点，步进接点要接通，应该采用 SET 指令进行置位。步进接点的作用与主控接点一样，将左母线向右移动，形成副母线，与副母线相连的接点应以 LD 或 LDI 指令为起始，与副母线相连的线圈可不经过触点直接进行驱动，如图 4-108 所示。

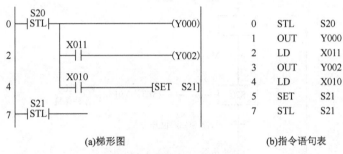

图 4-108　STL 指令的使用

步进接点具有主控和跳转作用，当步进接点闭合时，动步进接点后面的电路块被执行；当步进接点断开时，步进接点后面的电路块不执行。因此在步进接点后面的电路块中不允许使用主控或主控复位指令。

（2）步进返回指令 RET。

步进返回指令 RET 的功能是使由 STL 指令所形成的副母线复位。RET 指令无操作元件。其使用如图 4-109 所示。

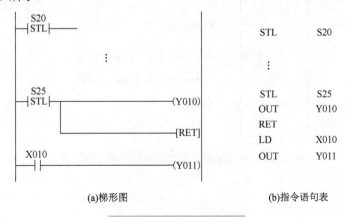

图 4-109　RET 指令的使用

由于步进接点指令具有主控和跳转作用,因此不必每一条STL指令后都加一条RET指令,只需在最后使用一条RET指令就可以了。

3)传送带PLC控制回路程序的状态转移图编程

根据控制要求编写状态转移图,如图4-110所示,对应的梯形图如图4-111所示,对应的指令语句表如图4-112所示。

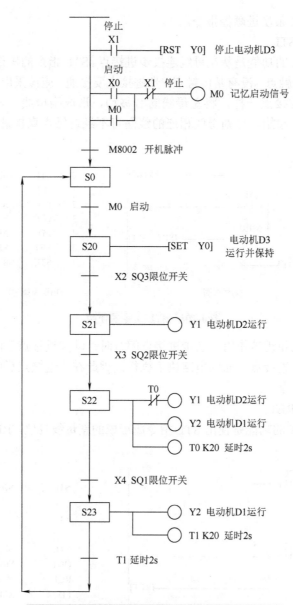

图 4-110　传送带 PLC 控制回路程序的状态转移图

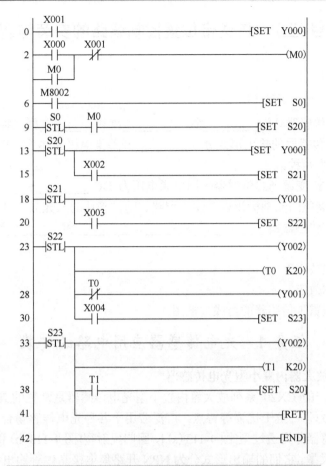

图 4-111　传送带 PLC 控制回路程序状态转移图对应的梯形图

0	LD	X001		20	LD	X003	
1	SET	Y000		21	SET	S22	
2	LD	X000		23	STL	S22	
3	OR	M0		24	OUT	Y002	
4	ANI	X001		25	OUT	T0	K20
5	OUT	M0		28	LDI	T0	
6	LD	M8002		29	OUT	Y001	
7	SET	S0		30	LD	X004	
9	STL	S0		31	SET	S23	
10	LD	M0		33	STL	S23	
11	SET	S20		34	OUT	Y002	
13	STL	S20		35	OUT	T1	K20
14	SET	Y000		38	LD	T1	
15	LD	X002		39	SET	S20	
16	SET	S21		41	RET		
18	STL	S21		42	END		
19	OUT	Y001					

图 4-112　传送带 PLC 控制回路程序状态转移图对应的指令语句表

项目(三)　传送带位置控制线路的安装与调试

📖 引导文

1)填空题

(1)CX20 系列传感器分为_____型、_____型和_____型三种类型。

(2)CX20 系列传感器的输出形式分为_____开路集电极晶体管输出型和_____开路集电极晶体管输出型两种。

(3)EE-SPX/SPY 变调光式传感器采用电源电压为 DC_____～_____的大量程电压输出型，带有容易调整的光轴标识以及便于调整、动作确认的入光显示灯。

(4)开关型霍尔传感器由_____、_____、_____和_____等电路组成。

2)简答题

(1)什么是光电效应？

(2)什么是霍尔效应？

(3)画出开关型霍尔传感器的组成方框图。

任务1　光电传感器应用电路的安装

1. CX20 系列放大器内置小型光电传感器

欧姆龙公司生产的 CX20 系列放大器内置小型光电传感器是常见的典型光电传感器。它具有体积小、穿透力强、抗干扰强等特点，广泛应用于各种光电传感场合(图 4-113)。

CX20 系列传感器分为透过型[图 4-113(a)]、回归反射型[图 4-113(b)和(c)]和扩散反射型[图 4-113(d)]三种类型。它们的输出形式分为 NPN 开路集电极晶体管输出型和 PNP 开路集电极晶体管输出型两种。

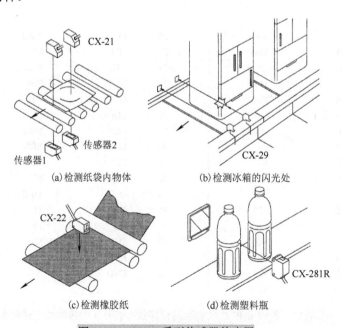

(a)检测纸袋内物体　　　　　　(b)检测冰箱的闪光处

(c)检测橡胶纸　　　　　　(d)检测塑料瓶

图 4-113　CX20 系列传感器的应用

NPN 开路集电极晶体管输出型的 I/O 电路如图 4-114 所示,其外部接线图如图 4-115 所示,插件型连接器针位置如图 4-116 所示。

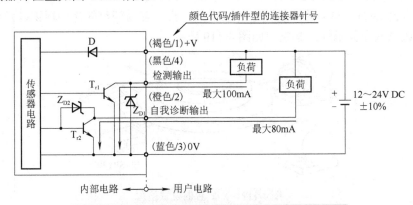

图 4-114　NPN 开路集电极晶体管输出型的 I/O 电路图

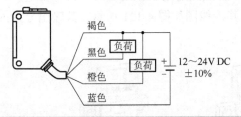

图 4-115　NPN 开路集电极晶体管输出型的外部接线图　　　　　图 4-116　插件型连接器针位置

注意:

(1)透过型传感器的投光器不装备检测输出,仅 CX-2OS 装备了自我诊断输出。

(2)插件型传感器不装备自我诊断输出,连接匹配电缆时,不连接白色电线。

PNP 开路集电极晶体管输出型的 I/O 电路如图 4-117 所示,其外部接线图如图 4-118 所示。

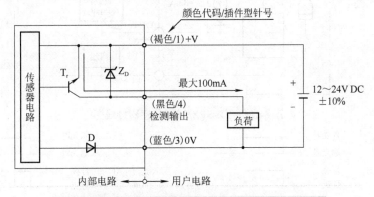

图 4-117　PNP 开路集电极晶体管输出型的 I/O 电路图

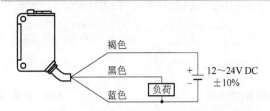

图 4-118　PNP 开路集电极晶体管输出型的外部接线图

2. EE-SPX/SPY 变调光式传感器

EE-SPX/SPY 变调光式传感器采用变调光式，与直流光式相比，不易受外来的干扰影响。采用电源电压为 DC5～24V 的大量程电压输出型，带有容易调整的光轴标识以及带有便于调整、动作确认的入光显示灯，其应用如图 4-119 所示。

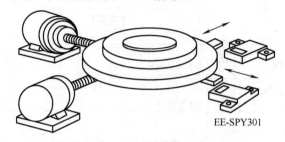

EE-SPY301

图 4-119　X-Y 台的位置检测

EE-SPX/SPY 变调光式传感器分为对射型、卧式反射型和立式反射型三种类型，其外观如图 4-120 所示。该传感器采用 NPN 型输出，其接线图如图 4-121 所示。其输出分为入光型 ON 和遮光型 ON 两种，输出特性如图 4-122 所示。

(a)对射型　　　　　(b)卧式反射型　　　　　(c)立式反射型

图 4-120　EE-SPX/SPY 传感器外观

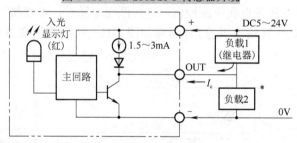

图 4-121　EE-SPX/SPY 传感器接线图

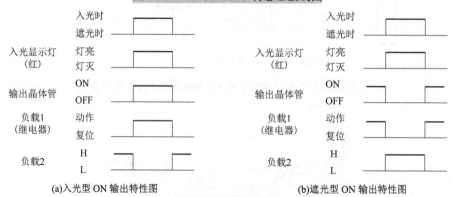

(a)入光型 ON 输出特性图　　　　　(b)遮光型 ON 输出特性图

图 4-122　EE-SPX/SPY 传感器输出特性

【知识链接】　光电效应

光电器件是利用半导体材料的光电效应进行工作的。半导体的导电特性受温度、光照和杂质等因素的影响，会在很大范围内变化。当它们受到光线照射时，半导体原子中价电子将脱离原来的运动轨道而成为自由电子，同时出现一个空穴，即形成电子-空穴对。电子带负电，空穴带正电，它们都称为载流子，这个过程称为光激发。光照强度越强，增加的载流子就越多，半导体的导电特性就越好，这就是光电效应。不同的光电器件，其结构和工作原理是不同的。

任务 2　UGN-3000 开关型霍尔传感器的应用与特性

UGN-3000 开关型霍尔传感器主要用于测转速（转速、风速、流速等），可制作接近开关、关门告知器（报警装置）等，如图 4-123 所示。其外形多数采用三引脚方式，如图 4-124 所示。

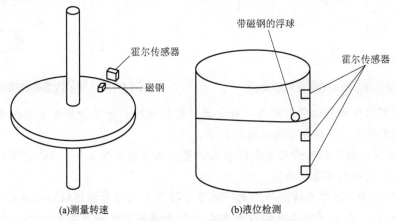

(a)测量转速　　　　　　　　　　(b)液位检测

图 4-123　UGN-3000 开关型霍尔传感器的应用

UGN-3000 开关型霍尔传感器的工作温度为-25～+85℃，电源电压为 4.5～25V，其工作特性如图 4-125 所示。工作时有一定的磁阻滞后特性，故可使开关动作更可靠。BOP 为工作点"开"的磁场强度；BRP 为释放点"关"的磁场强度。

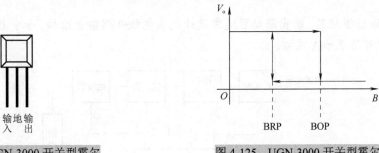

图 4-124　UGN-3000 开关型霍尔
传感器的外形与引脚

图 4-125　UGN-3000 开关型霍尔
传感器的工作特性

【知识链接】　霍尔效应与霍尔元件

霍尔效应原理如图 4-126 所示，把半导体材料薄片放在磁场中，并让磁场 B 和薄片平面垂直。当在薄片 $a—b$ 两端通以电流 I_g 时，在和电流方向垂直又和磁场垂直的方向上，即在 $c—d$ 两端有电位差产生，这种现象称为霍尔效应，E_H 称为霍尔电势。

假设图 4-126 中外磁场的方向是周期性交替改变的，则 E_H 的极性也必然要发生周期性的改变，于是便能获得一个与外界磁场极性同步的交变电压，即由交变磁场转换成交变的电压。利用这种原理制成的霍尔传感器可以用来检测外界变化磁场或作为无触点式控制的传感元件。由于霍尔元件的上述特点，用霍尔元件制成的传感器在自动控制系统中的应用相当广泛。霍尔传感器的电路图形符号如图 4-127 所示。

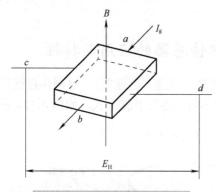

图 4-126 霍尔效应原理示意图

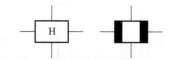

图 4-127 霍尔传感器的电路图形符号

开关型霍尔传感器由霍尔元件、放大器、整形电路和开关输出等电路组成，其组成方框图如图 4-128 所示。各部分电路的功能如下。

(1)稳压源。稳压源的作用是进行电压调整。电源电压在 4.5～24V 变化时，输出稳定。该电路还具有反向电压保护功能。

(2)霍尔元件。霍尔元件的作用是将磁信号转变为电信号后送给后级电路。

(3)放大器。放大器采用差动放大方式，用于将霍尔元件产生的微弱的电信号进行放大处理。

(4)触发器。触发器电路由施密特触发器为主构成，用于将放大后的模拟信号转变为数字信号后输出，以实现开关功能(输出为矩形脉冲)。

(5)温度补偿电路。温度补偿电路的作用是保证温度在-40～+130℃变化时，电路仍可正常工作。

(6)输出驱动器。输出驱动器通常设计成集电极开路输出结构，带负载能力强，接口方便，输出电流可达 20mA 左右。

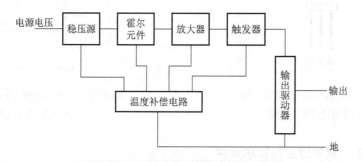

图 4-128 开关型霍尔传感器组成方框图

任务3　传送带的位置控制

传感器控制传送带电动机的运行系统如图4-129所示。

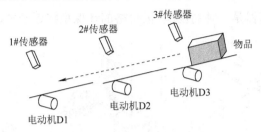

图4-129　传送带电机的运行系统

该任务的控制要求为：某车间运料传送带分为3段，由3台电动机分别驱动载有物品的传送带运行，未载物品的传送带停止运行，并要保证物品在整个运输过程中连续地从上段运行到下段，既不能使下段电动机启动太早，又不能使上段电机停止太迟。

其位置控制流程如下。

(1)按启动按钮S01，电动机D3开始运行并保持连续工作，被运送的物品前进。

(2)物品被3#传感器检测到，启动电动机D2运载物品前进。

(3)物品被2#传感器检测到，启动电动机D1运载物品前进；延时2s，停止电动机D2。

(4)物品被1#传感器检测到，延时2s，停止电动机D1。

(5)上述过程不断进行，直到按下停止按钮S02，电动机D3立刻停止。

活动设计：

(1)根据该任务的控制要求选择PLC的型号。

(2)确定I/O分配表。

(3)画出控制接线图，并按图进行外部接线。

(4)画出设计梯形图。

(5)进行程序输入与调试实现传送带的位置控制。

4.4　考核建议

考核建议见表4-12。

表4-12　考核建议表

职业技能考核		职业素养考核
要求1	将传感器与PLC连接	安全文明操作
教师评价		
要求2	对传感器进行调试	
教师评价		
要求3	编程并进行调试	
教师评价		

4.5 知识拓展

GX-N 系列接近传感器是一种高性能、低价格的环保型接近开关,其应用如图 4-130 所示。

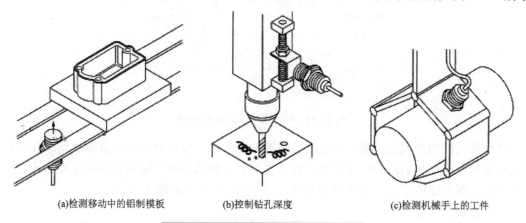

(a)检测移动中的铝制模板　　　(b)控制钻孔深度　　　(c)检测机械手上的工件

图 4-130　GX-N 系列接近传感器的应用

GX-N 系列接近传感器分为密封型和非密封型两种,其输出有常开输出和常闭输出两种形式。其 I/O 电路图如图 4-131 所示,外部接线图如图 4-132 所示。

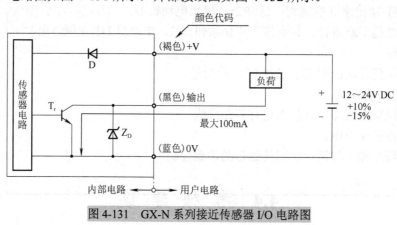

图 4-131　GX-N 系列接近传感器 I/O 电路图

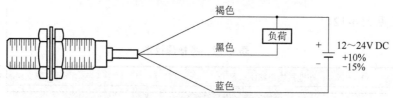

图 4-132　GX-N 系列接近传感器外部接线图

4.6 教学策略

本学习情境按照行动导向教学法的教学理念实施教学过程,包括资讯、计划、决策、执行、检查、评估六个步骤,同时贯彻手把手,放开手,育巧手,手脑并用,学中做,做中学,学会做，做学结合的职教理念。

1. 资讯

1)教师播放录像

教师首先播放一段有关 PLC 控制系统的安装与调试的录像,使学生对 PLC 控制系统的安装与调试有一个感性的认识，以提高学生的学习兴趣。

2)教师布置任务

(1)采用板书或 PPT 展示任务 1 的任务内容和具体要求。

(2)通过引导文问题让学生在规定时间内查阅资料，包括工具书、计算机或手机网络、电话咨询或同学讨论等多种方式，以获得问题的答案，目的是培养学生检索资料的能力。

(3)教师认真评阅学生的答案，重点和难点问题教师要加以解释。

对于项目(一)～项目(三)，教师可播放与任务 1 有关的视频，包含任务 1 的整个执行过程；或教师进行示范操作，以达到手把手，学中做，从而教会学生实际操作的目的。

对于项目(一)～项目(三)，由于学生有了任务 1 的操作经验，教师可只播放与任务 2 有关的视频，不再进行示范操作，以达到放开手，做中学的教学目的。

对于项目(一)～项目(三)，由于学生有了任务 1 和任务 2 的操作经验，教师既不播放视频，也不再进行示范操作，让学生独立思考，完成任务，以达到育巧手，学会做的教学目的。

2. 计划

1)学生分组

根据班级人数和设备的台套数，由班长或学习委员进行分组。分组可采取多种形式，如随机分组、搭配分组、团队分组等，小组一般以 4～6 人为宜，目的是培养学生的社会能力，与各类人员的交往能力，同时每个小组指定一个小组的负责人。

2)拟定方案

学生可以通过头脑风暴或集体讨论的方式拟定任务的实施计划，包括材料、工具的准备，具体的操作步骤等。

3. 决策

由学生和教师一起研讨，决定任务的实施方案，包括详细的过程实施步骤和检查方法。

4. 执行

学生根据实施方案按部就班地进行任务的实施。

5. 检查

学生在实施任务的过程中要不断检查操作过程和结果，以最终达到满意的操作效果。

6. 评估

学生在完成任务后，要写出整个学习过程的总结，并做成 PPT 汇报。教师要制定各种评价表格，如专业能力评价表格、方法能力评价表格和社会能力评价表格，按照表 4-9、表 4-11 和表 4-12 所示的考核建议，对学生进行综合性评价，根据评价结果对学生进行点评，同时布置课下作业，作业一般选取同类知识迁移的类型。

参 考 文 献

程周, 2004. 电气控制技术与应用. 福州: 福建科学技术出版社.

郝瑞生, 2011. 典型工业设备电气控制系统安装调试与维护. 北京: 中国劳动社会保障出版社.

华满香, 刘小春, 唐亚平, 等, 2012. 电气自动化技术. 长沙: 湖南大学出版社.

焦振学, 1992. 机床电气控制技术. 北京: 北京理工大学出版社.

蓝旺英, 宋天武, 2010. 电气控制系统安装与调试. 北京: 中国水利水电出版社.

潘再平, 徐裕项, 2004. 电气控制技术基础. 杭州: 浙江大学出版社.

唐立伟, 2015. 电气控制系统安装与调试技能训练. 北京: 北京邮电大学出版社.

王瑾, 2015. 调速系统与维护. 北京: 中国石化出版社.

夏田, 陈婵娟, 祁广利, 2008. PLC 电气控制技术. 北京: 化学工业出版社.

张孝三, 2009. 电气系统安装与控制(上册). 上海: 上海科学技术出版社.

张孝三, 2010. 电工技术基础与技能. 北京: 科学出版社.

张孝三, 2014. 照明系统安装与维护. 2 版. 北京: 科学出版社.